JN007915

FARM SHANGRI-LA

農業で叶える
人と自然が共生する未来

ファームシャングリラ

山岸 暢

YAMAGISHI
MITSURU

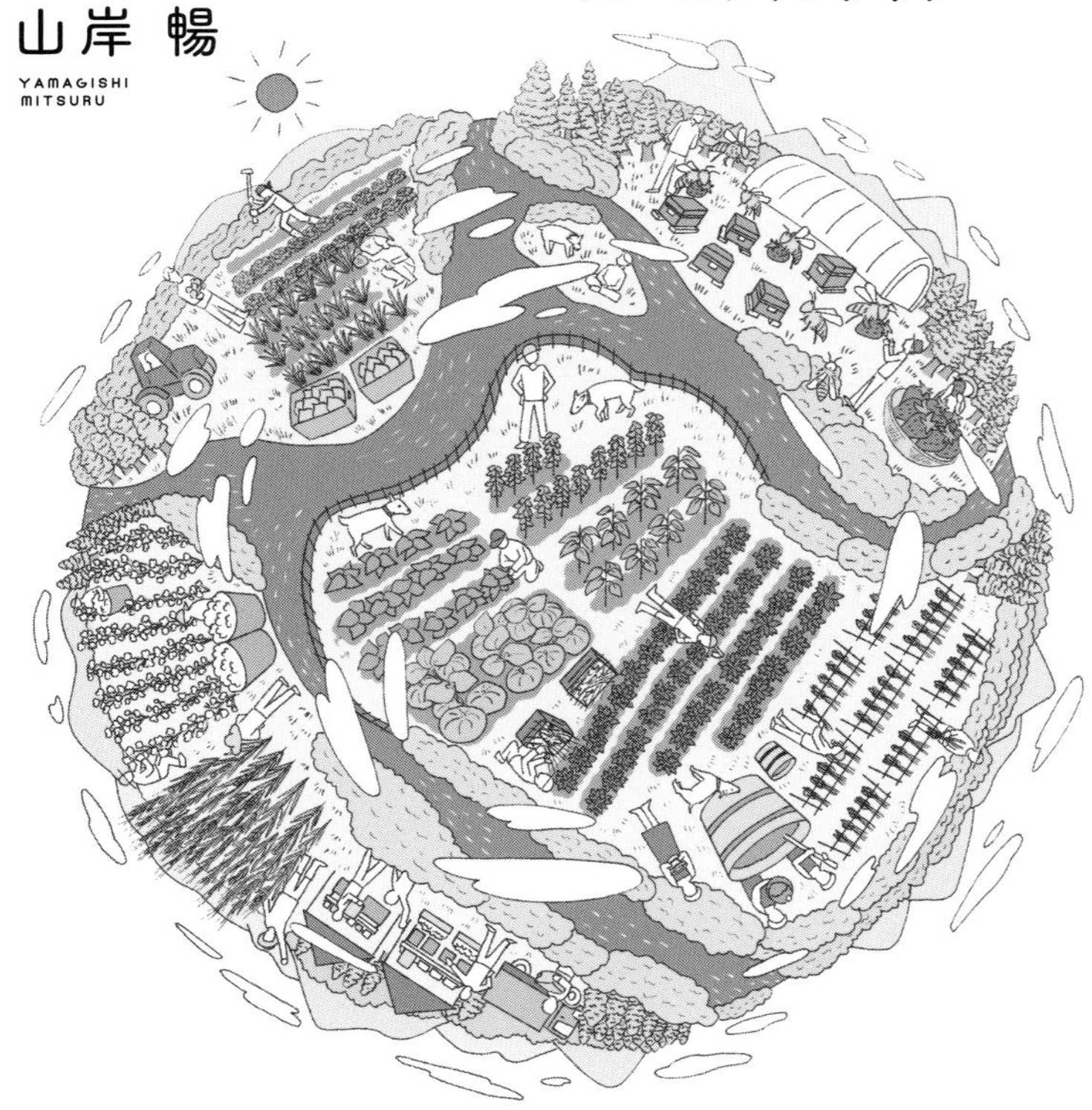

幻冬舎 MC

ファームシャングリラ

農業で叶える人と自然が共生する未来

はじめに

競争社会では、必ず勝者と敗者が生まれます。このような社会で他者と争い、比べ合い、奪い合うことに没頭するうち、人々はやがて自分らしさを見失い、生きづらさを感じて追い詰められていくのです。

かつての私もその一人でした。商売は利益を出すことがすべてだと考えて起業し、とにかく売上と利益を上げることだけに必死になっていました。しかし、それは間違っていました。他者から奪ったシェアや利益をどれだけ集めても、今度はそれを奪われないために躍起になるばかりです。終わりのないその奪い合いは、誰も幸せにすることはないと気づいたのです。

ファームシャングリラ構想——

これは、命あるものすべてを大切にする農業に触れ、幸せな社会をつくろうという私の理想です。

　すべての人々の幸福を育み、地球にも還元できる事業をしたい、農業は命あるものすべての幸せの実現につながるという想いのもと、私は会社の新規事業として、淡路島に農地を構えて知識も経験もゼロの状態から農業を始めました。

　私の立ち上げた農園では「みんなでみんなの命輝く野菜を育て地球を育む」ことを基本コンセプトに、全員が共働で同じエリアの栽培に従事します。自分の行動がほかの人の作業や、ほかの人が育てる野菜の生育にとってもプラスになり、同じようにほかのメンバーが行動することによって自分自身も恩恵を受けることができます。また、農薬や化学肥料を使わず自然のままで野菜を育てることにこだわっており、土壌微生物や植物、人間、地球との間で命の循環を実現できる農業をしています。

　私の理想に共感してくれる仲間たちとともに農業に取り組むうちに、世の中やお金に対する見方はずいぶん変わりました。みんなで手掛けた作物が育つ喜びは格別のもので、利益や競争を第一に考え他者から奪い勝ち取ったものとはまったく別の達成感と幸福感を与えてくれます。こういった人間らしい営みを通して、私は「生きる」ということの意味について考えを深めることができました。

本書では、利益を追求する生き方や社会にどのような課題があるのか、その解決策となるファームシャングリラ構想とはどのようなものなのかを詳しくまとめています。

本書を通じて、人間らしい生き方とは何かを立ち止まって考えてみるきっかけができ、ファームシャングリラ構想に一人でも多くの人に賛同してもらうことができれば幸いです。

目次

第2章

農業を通じて学んだ人間本来の生き方

自然と向き合うなかで気づいた命を育てる喜び

第3章

すべての生物と共生する自然農法へのこだわり
農業を通して幸せな社会をつくる「ファームシャングリラ」

第4章

人間と自然が共生する未来へ——健康な土壌や作物を作り続け、地球再生に貢献する

第1章

自分たちの利益のために、
他者を犠牲にすることへの違和感

資本主義の現状に疑問をもち、たどり着いた農業の道

淡路島の地から目指す理想郷

――本州と四国の間に位置する「くにうみの島」と呼ばれる島、淡路島。

本州と四国の中継地点ともいえる人口約12万人のこの島では、大阪湾や瀬戸内海での漁業だけでなく、温暖な気候に恵まれ農業や畜産業も盛んです。フルーツのような甘さとみずみずしさが特徴の「淡路島玉ねぎ」や、やわらかくて赤身のうま味が濃い「淡路ビーフ」、見た目が美しくほどよい脂がのった「べっぴん鱧（はも）」などの特産品が数多くあります。兵庫県の「淡路島の農業農村整備 令和5年度版」によると、淡路島の農業産出額は314億円で、兵庫県全体の1478億円の21・2％を占めています。この地域は「食の宝庫」として知られており、その歴史は約1400年前の飛鳥時代に遡ります。淡路島は、皇室や朝廷に豊かな食材を献上する「御食国（みけつくに）」とも呼ばれていました。

ファームシャングリラの農地

私は現在、そんな魅力溢れる淡路島の山上で東京ドーム1個分ほどの農園を経営し、野菜を作っています。「農業でつくる理想郷」という意味を込めて「ファームシャングリラ」と名付けたこの農園は、2024年で8年目を迎えました。

私が目指す理想郷とは、自然のなかで自然とともに命あるものが共生できる世界です。地球の上で動物も植物も虫たちも菌類も、皆が互いを育み合い命を循環させる社会、そんな夢のような世界を、農業を通じてつくっていきたいと思い、日々野菜を育てています。

今でこそ私は自然との共生を重んじ、幸せな社会について考えるようになっていますが、最初からこんな考え方だったわけではありません。8年前までは自分が農業に取り組むなど考えたこともなく、お金を稼ぐことだけが幸せをもたらすと本気で考えていました。

20代で上京し電気工事会社を立ち上げたときには、利益を上げることが自分の幸せだと信じて疑っていなかったのです。起業してから数年間は、毎日必死にエアコン設置などの工事を請け負い、お客様に喜んでもらってその対価としてお金をいただき、今年はどれだけ利益が出たかなと、ドキドキしながら決算書を見るのが最大の楽しみでした。

儲けることこそ正義と考えていた私の思考ががらっと変わったきっかけは、起業してから4年目、33歳のときに稲盛和夫さん（京セラ・第二電電〈現・KDDI〉創業者、日本航空名誉会長）主催の勉強会「盛和塾」に参加するようになったことです。後述しますが、稲盛さんから直々に、自分のためだけの利益である「利己」ではなく、

「利他」の心をもつことこそが経営者のあるべき姿であると教えてもらった私は、今まで自分がやってきた経営は果たして正しかったのかと疑問をもつようになりました。

さらに盛和塾を通じて知った一般財団法人京都フォーラムで「幸せな世の中をつくるために何ができるか」と問いかけられ、私は自分のやっている仕事の意味を真剣に考えるようになりました。これまで競争社会のなかで他者とシェアを奪い合い、利益を得て会社を大きくしていくことが経営者としての正しい在り方だと思っていましたが、実はそれは幸せな世の中をつくることと真逆のことなのではないかと疑問をもち始めたのです。そして、電気工事業を通じて自分や従業員やその家族、お客様など会社に関わる人たちは幸せにすることができたとしても、幸せな社会をつくることには何も貢献できていないことに気づいたのです。

私はこのまま私企業の発展を目指すだけの経営者ではいけないと思うようになりました。さらに人間の社会だけでなく、私たちが住む地球や同じく地球で暮らす生き物たちと共生する活動でなければ、結局は奪い合う競争社会の枠組みから出ることはできないと考えたのです。

野菜作りを通して地球環境について考える

私は、誰とも競争することなく、幸せな社会につなげられることはなんだろうと四六時中深く考え続けました。そして、千思万考の末たどり着いたのが農業です。農業とは、一言でいえば「命をつくり、命を育む仕事」です。自らの手で一から農作物を作り、収穫したものを食べることで健康になり、命を育みます。命をつくり、育てるなかで誰かと競争する必要はありません。また、幼い頃から自然が大好きだった私にとって、自然とともに生きる喜びを感じることができる点も魅力でした。さらには、土壌さえあれば誰だってすぐに取り組むことができるというのも、農業を始めようと決意した要因の一つです。

私が取り組んでいるのは、農薬や化学肥料を使わず自然のままで野菜を育てる農業です。農薬や化学肥料を使えば育成や収穫が楽になり、一定の品質を保った野菜をたくさん作ることができますが、その裏では周りの植物や土壌の中の微生物の命を奪ってしまっています。同じ農業でも、人間の私欲のためにほかの生物を殺して行う農業は、私が成し遂げたい生きとし生けるものが幸せに暮らす社会をつくることと相反します。だからこそ、私は自然のままにこだわり、土壌微生物と植物と人間と地球との間で命の循環を実現できる農業をしています。

自然の力を最大限に活かして育てたファームシャングリラの野菜は、農薬や肥料を使って育てた一般に流通している野菜と比べると、大きさはまちまちで見栄えは悪いものの、野菜本来のおいしさが感じられます。私は、自社のECサイトや大阪・梅田にある大型商業施設「グランフロント大阪」うめきた広場地下1階（南館入口前）のマルシェなどに出店して、この野菜を販売しています。

私が農園を営み、野菜を作っている目的は、収穫したものを売って儲けることではありません。野菜の販売を通して自分たちの活動を知ってもらい、少しでも農業に興味をもってほしい、地球環境について考えるきっかけをつくりたい、ただその思いだけで私はこの事業を行っています。

野菜作りには、気温の変化や降雨量を詳細に把握する必要があります。どんな植物が生えているのか、どんな虫がいるかなども細かく観察し、畑の作物を食べる虫たちの防除や草取りなども行わなければなりません。環境破壊に対する問題意識は私にとって元々あったものでしたが、農業を通してより深く自然と向き合うなかで、地球環境が現在危機的な状況にあることに改めて気づかされました。

気候変動や大気汚染、海洋汚染といった言葉は以前から知っていましたが、これらが自分に直接関わるものだと感じたことはありませんでした。しかし、農業を始めると、ますます厳しくなる夏の暑さやかつて経験したことのない集中豪雨が、私の生活に直接影響を与えてきました。これらの変化を通じて、地球環境問題に真剣に向き合う必要性を感じ、できる限りの地球再生活動に取り組まなくてはいけないと感じるようになったのです。

自然に感謝して野菜を作り、作っている人が健康になり、それを食べた人から「おいしい」という言葉をもらい、食べた人が農業を通して自然を大切にしてくれるようになる。私は今、私企業の発展では得られなかったとてつもない大きなギフトを自然からいただいています。

ただなんとなく生きていた20代

私はよく「なぜ農業を始めようと思ったのですか？」と聞かれるのですが、経営者の勉強会で幸せな世の中をつくることについて考えるようになったことが大きな要因とはいえ、明確に一つの出来事がきっかけとなったわけではありません。いま振り返れば幼少期からの経験や考えてきたことの積み重ねが、農業の道につながっていったのだと思っています。

私の父はごく普通のサラリーマンでした。母は内職をしており、家は借家でした。母はいつも「お金がない」とこぼしていましたし、家の規模や持ち物などを友達と比べても貧乏なのだなと子どもながらに感じていました。

高校まで将来の夢もなりたい職業も特になかった私ですが、テレビでとある企業の社長がお金も地位も名誉も得て幸せそうな日々を送る姿を見て、漠然と自分も社長になりたいと思うようになりました。社長になれば人の言うことも聞かなくていいし、いずれ金持ちになって好きなように生きることができると思ったのです。

とはいえ何か努力をするということもなく、授業出席日数も足りず2年生で留年し、大学進学などは眼中になく惰性で高校時代を過ごし、4年かかって卒業しました。卒業後、同級生は進学や就職をしましたが、私は就職もせず、ただなんとなく生きればいいとアルバイトや親類の会社に勤めるなど自堕落な日々を過ごしていました。そんな私に転機が訪れたのは1990年、26歳のときでした。

大阪の後輩の家でたまたま手に取った求人雑誌に「テレビ・ビデオのセッティング完全出来高払い」の広告を見つけました。出来高払いの言葉に心惹かれ、楽ですぐに金になると考えた私は、すぐ電話で問い合わせ、応対してくれた大阪の社長との面談に行ったのです。

仕事の内容や給料について根掘り葉掘り質問する私に、社長は「テレビやビデオのセッティングよりもエアコンの設置のほうが儲かる、1台設置したら1万2600円も手に入る」と言いました。当時は家庭用のルームエアコンの普及率が右肩上がりに増えていた時代でエアコン設置の工事の注文が多く、どの業者も大忙しでした。その社長の話を聞いて、頑張って100台設置したら126万円が手に入ると皮算用した私は、ぜひ働かせてほしいと積極的に申し出ました。

頑張らない者は負け組だと思っていた

私は即日採用され、京都の自宅から大阪にあるその会社へ通い、エアコン設置の基本的な作業を学びました。エアコンの取り付けには専門知識と技術力が必要で、経験の少ない業者に依頼してしまうと設置後しばらくして故障したり不具合が起こったりすることがあります。工事で配管穴を開ける場所を決めるにも建物の強度や構造への配慮が必要で、穴や配管が目立たず外見上きれいに施工するにも技術が必要です。私はまず2週間基礎技術を学び、その後詳しい技術を1カ月習ったのちに、社長に勧められ一人親方として京都で独立しました。いきなり独立を勧められたのは私が貪欲で仕事の覚えも早く、お客さんに愛想もよく口もうまかったからかもしれません。

私は、素人同然ながらも必死に技術を磨き、他社が断るような夜遅い時間の工事希望も進んで引き受けて働きました。すると売上は伸び続け、私自身も仕事がどんどん楽しくなっていきました。

しかし、エアコン工事の一人親方ではいくら頑張っても施工できる量に限界があります。一人親方よりも、家電量販店や引っ越しセンターなどから直接工事を請け負う元請けのほうが下請の工事人より儲かることは明白なので、いずれは私も元請けになりたいと思うようになりました。京都で独立するとお世話になった会社と競合関係になって迷惑がかかると考え、どうせやるなら日本で最大のマーケットである東京で勝負しようと無謀な決意をしました。1993年、29歳で右も左も分からないまま上京して、創業することにしたのです。

当時の私は、頑張らない者が負け組と考えていましたし、世の中は格差があって当たり前と本気で思っていました。京都で一人親方として始めたエアコン設置工事業で成果を上げた私は、自己肯定感が異常に高くなっていました。いま思えば恥ずかしい話ですが、上京するなり東京タワーの展望台から東京の街を見下ろし、この街は自分が制するのだと思っていたくらいです。

がむしゃらに打ち込んだ顧客獲得競争

意気揚々と上京した私でしたが、東京にコネやツテなどはほとんどなく、まずは家や事務所を探すところからのスタートでした。ところがこれから東京で新しく起業しようとする無職の私に貸してもらえる物件などなく、いくつ申し込んでみても審査で落とされました。

ようやくなんとか借りることができた住居兼事務所のマンションを拠点に、毎日懸命にエアコン工事業を続けました。私はたった一人で、都内のあちこちの引っ越しセンターに飛び込みで営業をしました。私が東京での仕事を始めた当時、エアコン施工費用の相場は首都圏では関西の約１・５倍の高値で行われていました。そこで私は関西並みの施工費用で工事サービスを提供し、「これが本来の適正価格です」とアピールすることで次々と仕事を受注していきました。

当時はインターネットの普及前で、営業活動といえば自分で地道に足を運び顧客を開拓するしかありませんでした。早朝も深夜も関係なく、東京都内や埼玉県、横浜市、川崎市へと工事に飛び回りました。当時はただただ忙しく、休みは1年で12月31日から1月4日までの5日間しかないほど、昼夜問わず仕事に打ち込みました。

盛和塾との出会いが仕事に対する考え方を変えた

仕事も軌道に乗り、創業から4年経った1997年に、法人を設立することにしました。しかし、創業してから目の前の仕事に打ち込むばかりで、会社の経営についてはよく分からず手探りの状態でした。そんなときたまたま立ち寄った書店で経済誌の特集を読んだ私は、初めて盛和塾の存在を知りました。そして、塾長をしていた稲盛和夫さんの仕事に対する考え方、人間としての生き方に感銘を受けました。稲盛塾長からいろいろなことを学びたいと思った私は、すぐに電話の番号案内で盛和塾の連絡先を入手し、入塾しました。

稲盛塾長の教えの中の一つに、「卑怯なふるまいはしない」というものがあります。私も卑怯なことはしたくないと思って行動するようにしていますので、好きな教えの一つです。私がなぜ卑怯なことはしたくないと思うようになったのかという一つのエピソードを、ここで紹介したいと思います。

小学3年のとき、理科の授業の実験で同じグループの友達が不注意で試験管を割ってしまいました。大して危険ではないと思ったので、私はとりあえず近くにあったビニール袋を代用してグループの実験を最後まで終わらせました。その後グループごとに実験の発表をする場で、先生が開口一番に私を名指しして、「なぜ割ったことを謝らないの、山岸君！」などと教壇の上から私を叱り続けたのです。

小学3年生がいきなり大人から叱責され続ければさすがに黙ってしまいます。割ったのは自分ではないのになぜ先生は頭ごなしに決めつけるのだろうと思いつつ、でも言い返せないのはなぜなのだろうと、もやもやしながら一言も発せずにいました。

先生の叱責が続く中、グループの一人が「試験管を割ったのは山岸君ではありません」と声を上げてくれました。そのときの先生の青ざめた顔は今でも鮮明に覚えています。しかし、その場では何も言いませんでした。その後、先生は掃除の時間が終わったタイミングでみんなが見ていないところでまるで賄賂でも渡すかのように私に鉛筆をくれたのですが、結局私への謝罪は一言もありませんでした。

そのときの出来事が、大人たちは時に卑怯で冷静でない行動を取ることがあるという認識を私に植え付けました。先生の賄賂のような行動も、事実を確認することなく一方的に非難を浴びせる姿勢も、私にとっては納得いかないものでした。

この経験から、私は大人とか先生というのは卑怯な存在だと思うようになりました。それをきっかけに、大人の言うことは正しいとか、先生の言うことを聞けと言われても、まったく従えなくなると同時に、卑怯なふるまいはしないと心に誓ったのです。

経営に必要な利他の心

盛和塾では人間として何が正しいかや「売上最大、経費最小」「利他の心」など稲盛塾長から直接多くの学びを得ることができました。

利益率10%を目指し、税金をきちんと納め、純利益を内部留保として増やし、自己資本率を上げることの重要性を学びました。おかげで私の会社の財務内容はどんどん良くなっていきました。周りに経営者の知り合いが増えていくにつれ、会社の利益や売上、内部留保について会話することも自然と増えて、私はいつの間にか決算書を見ることが大好きになっていました。

私が決算の数字に魅力を感じたのは、子どもの頃から大嫌いだった不公平で偏見に満ちた人間たちとは違って、数字は絶対に嘘をつかないからです。結果がすべてで、1円単位で稼いだ数字が客観的にはっきりと表れます。それは私にとって痛快で、人の感情に左右されない公平性があるという点に魅力を感じました。

しかし、盛和塾で学んだりいろいろな経営者とも議論を交わしたりするなかで、ずっと考え続けたことがあります。それは、私の会社の経営理念はどうあるべきなのかということでした。盛和塾に参加するようになり、さまざまな角度から経営について考えるようになった私は、次第に経営者として利益を上げ続けることだけが正解なのかを、徐々に疑問に感じ始めたのです。

稲盛塾長が出席する盛和塾塾長例会は、経営者として私自身の足りないところがどういったものなのかを感じられる最高の学びの場でした。経営体験発表会では発表内容に対する稲盛塾長からのコメントを聞いたり、懇親会の二次会では塾生が自身の会社での悩みを稲盛塾長に直接相談したりできました。

2019年に盛和塾が解散するまで、私は20年以上も在籍しました。稲盛塾長は自分のためだけの利益である利己よりも、利他の心をもつことこそが繁栄への道であると教えてくれました。

利他の考え方は大乗仏教が理想として掲げる「自利利他」を源流としているといわ

れます。平安時代に比叡山延暦寺を開いた天台宗の最澄は「忘己利他」、己を忘れて他を利するは慈悲の極みなり、と説いたと伝わっています。自分のことは忘れて、常にほかの人のために尽くせという教えです。

私たちの心には自分だけが良ければいいと考える利己の心と、自らは犠牲にしてもほかの人を助けようとする利他の心があると塾長は説いています。この教えを知ったことで、私は経営者として進むべき自分の道がひらけたように感じました。

〝椅子取りゲーム〟に対する違和感

盛和塾で経営理念について考え続け利他の考え方に触れた私は、盛和塾をきっかけに一般財団法人京都フォーラムの存在を知り、２０１５年から参加し始めました。京都フォーラムでは、理事長でフェリシモ名誉会長だった矢崎勝彦さんから頻繁に発表の機会を与えられました。幸せな世の中をつくるために経営者として何ができるか、自分の考えを1万字以上にまとめて提出しなければならない課題が出て、提出のたびに差し戻しになりました。というのも、私は当時自分がやっていた事業を通じてできる範囲でしか書けなかったからです。

ここでいう幸せな社会とは、目先のお金儲けを追うようなことではなく、より高い次元ですべての人にとって幸福な社会です。その頃まで私はいかに自分の事業を大きくするか、いかに自分の会社の利益を上げるかということばかりを考え、どんな世代にとっても幸せであるといえる社会の実現について深く考えることなどありませんでした。

当時の私の会社はそれなりに成長を続け、業績も右肩上がりでした。仕事も順調に受注できており、世のため人のためになる事業をしている、だからこそその対価としてお金を頂戴できているという自負がありました。私は電気工事の仕事の社会的な役割についても考えていました。すべての人、つまり発注者であるクライアント、実際に工事にお伺いする一般家庭のエンドユーザー、工事を行ってくれる協力業者とその家族も含めた、すべての人にとって幸せな社会をつくることを目指すべきだと考えていたのです。

京都フォーラムでの発表原稿を書くために、それまで取り組んできたことを振り返りました。すると、会社の経営理念を掲げるときに一つだけどうしても引っかかっていたことを思い出しました。経営理念を「事業を通じて社会に貢献する」としたときに、ふと自分は現在の事業を通じてでしか社会に貢献できないのかと疑問を抱いたのです。自分はなんでもできると思っていただけに、なおさらその思いが消えることはありませんでした。

私の会社がトイレの詰まりやエアコンの故障を修繕できたところで、目の前の問題を解消し顧客にとっての不便を解消しただけであり、それは個人の小さな課題の解決でしかなく、社会を変えるまでのことではありません。幸せな社会をつくることには到底つながらないのです。このように考えると、そもそも自分が言っていることや事業を通じて社会に貢献するということが、とても嘘っぽく感じるようになりました。

利益を上げるためには外注先の単価を下げることが最も簡単です。実際に私自身もずっと利益率を重視して、外注先にも無理をいって仕事を依頼していました。しかし、そのようなビジネスは誰かの幸せを奪ったうえで成り立っているのではないかとも感じ始めて、利益を出すことに疑問を抱くようになりました。そして、これ以上利益を伸ばして事業をただ拡大していくことは社会悪なのではないかとさえ考えるようになったのです。

自分たちのサービスがシェアを伸ばせば、必ず敗者がどこかで生まれるはずです。そんな椅子取りゲームのような状況にも、私は違和感を覚え始めました。

捨てられなくなった正義感

そのように考えていくと、現在の社会でほとんどの企業がやっていることは個人である〝私（わたくし）〟の欲求が会社という形に変化しただけだ、ととらえるようになりました。ところが盛和塾で経営者たちの話を聞いてみると、そういったことまで深く考えている経営者はむしろ少ないように感じられました。

経営者は口をそろえるように、従業員を幸せにするために一生懸命に社員教育に取り組んでいると言います。しかし、はっきり言って自分の会社の成長のためだけにやっているように感じることは少なくありません。社員を大切にし教育するなどと言っても、経営者らがやっているのは結局、会社のために役立つ労働力を生み出すだけの作業なのだと私は思います。

できる限りの効率化と利益拡大によって企業を大きくしたところで、〝私（わたくし）〟の欲の拡大のレベルを超えることはありません。そうではなく、もっと広い視野で考えたいと思いました。

経済活動はすべて地球資源の上に成り立っています。地球資源とは、私たちを取り巻く自然や動物、そして人間たちの日々の営みといった、地球規模の大きな恵みのことです。現実の企業がこういった地球資源に対して何か恩返しができているとは到底思えません。このような視点から眺めると、いかに経営者が自分の会社しか見ていないかということがよく分かりました。

従業員とその家族を幸せにしたいという経営者の思いは確かに正義です。ただ、その正義は、会社やそれを取り巻く人たちという狭い範囲内のことであり、経営での勝利、つまり利益に裏付けられています。しかし、実際はその利益を得る裏側で、下請けや競争相手など利益を奪われてしまった側の人たちもいるはずです。そのほかにもその事業をすることで、環境を破壊したり、環境に負荷をかけたりしています。このように、事業をしたり利益を得たりする裏側で、必ず何かが犠牲になっているのです。

産業革命以降、世の中はどんどん便利になりましたが、その一方でほとんどの仕事や活動が競争社会のなかに呑み込まれてしまいました。競争のなかでは勝者と敗者が生まれ、いかに邪魔者を排除するかということばかりに躍起になっていきます。そうなると、そこに関わる人たちは今の自分のためという視点でしか物事を見られなくなります。そして排除されたり犠牲になったりした立場の人は、怒り、ストレス、絶望感を抱えて、やがてあらゆることに対して諦めや無関心に陥ることもあります。

自分が生きるためにほかを犠牲にしていいなんて、そんな不道徳なことは誰からも教えられていないはずです。それなのに、実際、今の世の中ではこのような考え方が充満していると思います。

このようにして私は現代の競争社会のなかで、生き方自体を変えていかないといけないと強く思うようになりました。同時に、自分の会社のみが良くなって社会悪になるようなことには関わりたくない、将来的に社会に対して本当に貢献できる新しい事業に取り組んでみたいという強い思いが、心の底から湧き上がってくるようになりました。勝ち負けを争うのではなく、別の方法で幸せな社会をつくるために何かしたいし、しなければいけないのだと思うようになったのです。

私は今までの人生とは違う生き方、より高い次元の目標を掲げて新しい事業を考えたいと思うようになり、どのように展開していけばよいのかを模索し始めました。本当の意味で社会に貢献できる事業とはなんだろうと考え続けた結果、まずはもともと取り組んできた電気事業の延長線上で考えてみることにしたのです。

最初に手がけたのが家庭用のエレベーター事業です。体が不自由になって自宅の階段を上れなくなった人のために、階段に設置できるエレベーターの設置工事を始めました。しかし、これには問題がありました。自力で階段を上り下りできない人をターゲットに営業をしなければならなかったのです。病院から退院を余儀なくされた、まさにこれから家に帰されそうな人に対して営業する商売は、人の不幸をお金に換えようとしているように感じ、私もスタッフも営業を道徳的にやっていくことができず、結局中止することにしました。

私はこの経験から、今までの仕事の経験や枠組みにとらわれていては本当の意味で社会に貢献できる事業を見つけるのは難しいことを改めて思い知りました。

より高い次元に進んで、事業の領域を超えた人と人とのつながりで幸せの連鎖を生む

目指すべきなのは、目先の儲けばかりを追って業界内の競争に血眼になってしまうのではなく、それよりも高い次元で、すべての人が等しく幸せになれる社会を実現することです。

自分たちだけが良ければいいという身内だけの利己であってはいけません。社会での人間同士のつながりを大切にし、すべての人が幸せで、社会全体が豊かな状態がいつも実現できるように、私たちの会社が利他の心をもって世の中の役に立ちたいと考えたのです。

そのためにはこれまでの事業領域に閉じこもってしまうのではなく、もっと広い視点と柔軟な思考方法で事業の領域を超えた提案と行動、発信に継続的に取り組んでいくことが必要と考えました。私は、事業当事者もその恩恵を受ける人も地球環境も、すべてのものが幸せになる事業がないのかを考え続けました。

何をすればよいのかと模索するうちに、かすかな方向性を見いだしました。そのヒントとなったのは若い頃の実体験でした。

20歳頃からサーフィンに没頭してきた私は、普段の生活では体験できないようなさまざまな感覚を大自然から学んできました。波にうまく乗れずに塩水を嫌というほど飲んで苦しい思いをしたり、波に巻き込まれてどちらが海底でどちらが海面なのか分からなくなりパニックを起こしたりした経験。いい波に乗ろうと力んで失敗したときの挫折感、波と調和してリラックスしていい波に乗れたときのすがすがしさ、気持ち良さ、溢れ出る最高の笑顔など、挙げていけばきりがありません。特に忘れられないのが、夕日の沈む前に沖に向かって手で水を漕いで進むパドリングをしていたときのことです。太陽が放つオレンジ色の光を浴びた海面すべてが金色に変わっていったのです。黄金の海の中で一人きりになって金色の輝きの美しさに恍惚となり、自然と涙が溢れました。

自然というとてつもなく大きな存在の偉大さを実感した私は、人間は自然のなかではちっぽけな構成要素の一つに過ぎない存在だということに気づきました。人間は自然に支えられ、自然とともに生きるものだという思いを強くもちました。ちょうど気温の上昇や異常気象など世界中で気候変動への懸念が強まってきた頃で、私は地球が壊れていくことに胸を痛め、環境破壊に対する問題意識をもっていたのです。

この頃から私は、心に安らぎをもたらすのはお金ではなく自然だということを本能的に感じるようになりました。しかし、都会に住む多くの人にはこうした感覚を持ちづらいように思います。都市の生活は自然と分離・分断されてしまっていて、人々は春夏秋冬の変化にすら気づきにくい環境で生活しているからです。

私は、自然がまず何よりも人間にとって大切で、自然を守っていかなくてはならないと伝えていくことによって、大きなムーブメントを起こしたいと考えるようになりました。

すべては地球資源の上に成り立っている

経済活動が地球資源の上に成り立っているのは紛れもない事実です。私自身も会社をなんとか維持しながら事業を継続してきましたが、経済活動を営むことができているのは、地球環境が正常な状態で、平穏な社会が保たれているからです。地球環境が守られているという大前提がもしも崩れてしまったら、金儲けどころではありません。こんなことは誰でも考えれば分かるはずなのに、すぐに忘れてしまうのが人間です。

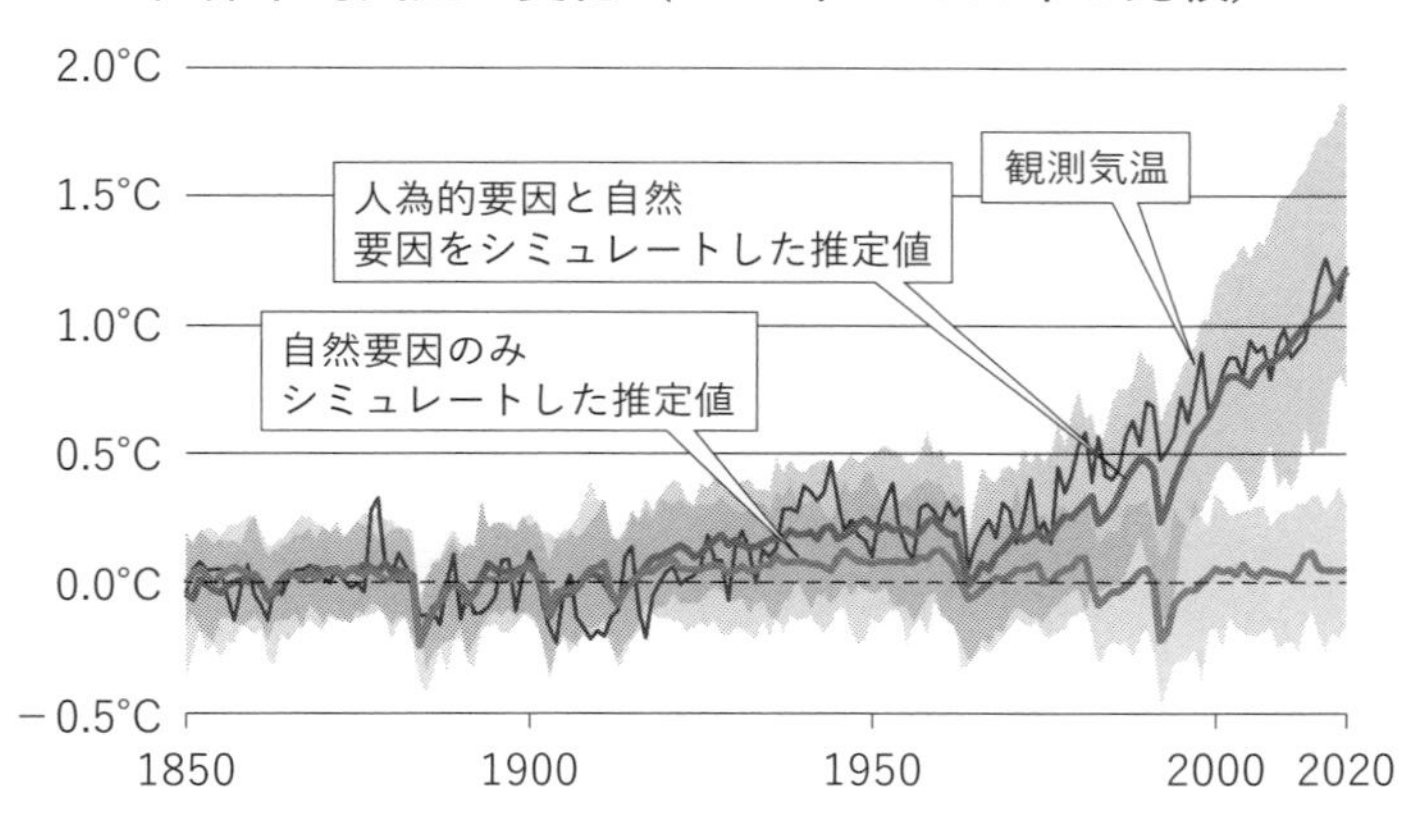

注：薄い色の領域はシミュレーションごとの可能性が高い範囲
IPCC Sixth Assessment Reportをもとに作成

現在、地球はさまざまな危機に直面しています。気候変動に関する政府間パネル（ＩＰＣＣ）は２０２１年８月、地球温暖化の原因は人間の活動であるとする報告を公表しました。また、「政策決定者向け要約」では、平均気温の上昇が１・５度になると、50年に一度とされる高温は８・６倍に、10年に一度とされる大雨の発生する頻度は１・５倍になるとしています。同時に海水面の上昇も懸念されています。

平均気温の上昇が１・５度以上になると、異常気象がますます進行していきます。パリ協定（２０１６年11月発効）では、産業革命以前と比較して平均気温の上昇を２度より低く抑えること、そして１・５度以内に抑える努力を続けることを目標としています。

しかし、すでに厳しい現状が報告されているのが実情です。このままでは今世紀末までに産業革命前との比較で２・８度、各国が約束した温室効果ガス削減目標を達成しても約２・５度上昇してしまうだろうと、国連環境計画（ＵＮＥＰ）が２０２２年10月の報告書で指摘しました。また、２０２２年11月に開催されたＣＯＰ27（気候変動枠組条約第27回締約国会議）では、気候危機の現状に対してアントニオ・グテーレス国連事務総長が「世界は地獄へのハイウェイを走っている。アクセルを踏み続けながら」と警告しました。地球はそれくらい危機的な状態だということです。

皮肉なことに、地球環境問題について語っている国のトップたちも今世紀末には生きてはいません。とりあえず今、「自分たちが食べられればＯＫ」くらいにしか考えていないのです。だから、いま挙げられている策は、あくまでもこれまでの延長線上でしか考えられていないのです。「国のトップが変えられないのだから自分らにできるはずがない」「国家元首はだめだ」と言っているだけで何も行動をしようとしない人たちも、同じようにだめだと私は思います。

深刻さが増す生物多様性の損失

人間を含めた地球上の生き物は、相互に影響しながら命の循環をつくり上げています。地球上にはさまざまな生物や生態系が存在し、その多様性のことを「生物多様性」といいます。生物多様性は、生態系が機能不全に陥ることを防いでおり、水や大気の循環を健全にする役割を果たしています。また、生物多様性が豊かであるほど、「希釈効果」によって、動物由来の感染症のリスクは低下するといわれています。生物多様性は新しい医薬品や作物品種などの開発に役立つ遺伝資源も提供しており、人類の健康に大きく貢献してきました。さらに、生物多様性は地域性豊かな文化の多様性を支え、文化的・精神的な価値も提供しています。このように、私たち人間の生活は、生物多様性によって支えられているのです。

にもかかわらず、近年、森林破壊や水質・土壌汚染などによって生態系のバランスが崩れ、人間を含む生き物の活動に深刻な影響が出ています。人間が二酸化炭素を大気中に排出していることで海洋酸性化が進み、魚やサンゴなどの海洋生物に悪影響を及ぼしています。工場からの排水などに含まれる化学薬品や油、重金属、農業において使用される農薬、化学肥料などが土壌に侵入し、その中に棲んでいた微生物が生きられない土壌へと汚染されています。

生物多様性が失われると私たち人間は生きていけません。しかし、便利さや豊かさを追求する人間社会によって、種の絶滅スピードは加速しており、生物多様性の損失は深刻なものとなっています。私たち人間は今、生物多様性を守り命の循環を絶やさないために、一人ひとりがどう行動すべきかを考えなくてはならないのです。

地球の限界を表す「プラネタリー・バウンダリー」

日本ではまだなじみがありませんが、「プラネタリー・バウンダリー」という言葉が今、世界では注目されています。プラネタリー・バウンダリーとは「地球の限界」という意味で、人間が地球上で持続的に生存していくためには越えてはならない地球環境の限界値があるという概念を指します。２００９年にストックホルム・レジリエンス・センターのヨハン・ロックストローム博士（現ポツダム気候影響研究所所長）を中心とする研究グループが発表した論文のなかで提唱され、ＳＤＧｓの基礎にもなりました。

プラネタリー・バウンダリーには、次の９つの指標があります。

①　気候変動
②　成層圏オゾン層の破壊

③　海洋酸性化
④　生物地球化学的循環（窒素とリンの循環）
⑤　グローバルな淡水利用
⑥　土地利用変化
⑦　生物圏の一体性（生物多様性の損失、絶滅の速度）
⑧　大気エアロゾルの負荷
⑨　新規化学物質（化学物質による汚染）

地球環境問題の議論において、気候変動や成層圏オゾン層の破壊、海洋酸性化などは、それぞれ個別の問題であるかのように扱われています。しかしプラネタリー・バウンダリーに基づくと、これらはすべてつながっていて、地球を守るためには一つの指標のみに注目してはいけません。９つの境界間の相互作用についても考慮し、地球システムの改善・構築に取り組まなくてはならないのです。

『プラネタリー・バウンダリー　２０２３年改訂版』では、９つの指標のうち気候変動、生物圏の一体性、土地利用変化、生物地球化学的循環、新規化学物質、グローバルな淡水利用については、人間が安全に活動できる限界値を超えていると指摘されています。これはまさしく地球が悲鳴を上げており、生き物が住めなくなってきていることを示しています。

人間が壊しかけている地球を守り、生物たちがこの先も地球上で暮らしていくために、環境問題に真剣に向き合わなくてはいけない時代が来ているのです。

7世代先のことまで考えよ

いま自分たちが大切な地球資源を食いつぶしているなどということは、会社の決算書には書かれていません。だから見て見ぬふりをして何もしなくていいかというと、まったくの筋違いだと私は思うようになりました。今世紀末や100年後に自分が生きていないからといって諦めるのでなく、今できることを徹底的にやっていくのが今生きている人間の使命であり、天から課せられた責務だと思うのです。

京都フォーラムで思索を続けながらさまざまな書物を読んだなかで、印象に残った言葉があります。その一つが、ネイティブアメリカンの「7世代先のことまで考えよ」です。私はこの言葉にとても共感を覚えて、折に触れて読み返し噛み締めています。いま目の前にある調和された美しい自然を、未来に生きる子孫のためにそのまま残しなさいという教えです。

アメリカ先住民権利運動のリーダーだったデニス・バンクスは生前「私たちは7世代先の子どもたちのために、いま何をしなければいけないかを考えて行動する。今の日本はファストフード、化学物質いっぱいの食品、薬害、放射能をまき散らす原発、遺伝子組み換え食品など、我々よりも悲惨な状況になりつつあるのに誰も立ち上がらない」と語ったそうです。

長いものには巻かれよ、ということわざがあるように、とかく権力者や強い者には逆らわず、何事も波風を立てないようにもめ事を避ける、事なかれ主義の傾向が強いのが日本人の特徴でもあります。でも何もしなければ、泣くのは将来世代の子どもたちであることに私たちは気づくべきです。

ネイティブアメリカンの人々はどんなわずかなことでも、常に7世代先のことを考えて判断し、行動してきたといわれています。今、生きている私たちも彼らの教えにならい、未来に残すべき豊かな自然を守るために行動しなければなりません。

そのためにはまず、環境破壊によって危機に瀕している自然の現状を把握し、自然を守るために何ができるか、何をすべきかを考えることです。

このまま環境破壊を放置して異常気象が当たり前になってしまったら、自然だけでなく私たち人間も深刻な危機に見舞われるのは確実です。近年、日本各地で起きている豪雨災害や記録的な熱波などはその前兆ともいえます。

前兆に対しては速やかになんらかの手を打つことが必要です。今が良ければそれでいい、どうせやっても変わらない、放っておこうという考えは捨てて、未来に生きる人々のために今できることを徹底的にやることが、私たちの使命だと考えています。

湧き上がる農業への思い

事業の関係者もその利益を享受する人も社会全体も幸せになり、地球環境にも良い影響をもたらす事業。新規事業として私が選んだのが自然農業でした。自然農業とは、自然のままにこだわり、土壌微生物と植物と人間と地球との間で命の循環を実現できる農業のことです。

自然農業を選んだ理由は、第一に、自然のなかで自然と向き合い、自然の循環の一部となることに大きな魅力を感じたからです。

そして第二に、人間の生命の基盤となる食物を育てるために、慣行農業のやり方を用いることに違和感を覚えていたからです。慣行農業では、例えば、作地当たりの収穫量を最大化するために大量の肥料を使用したり、歩留まりを上げるために消毒や農薬を使用したりするなど、工業製品の理論で大量に単一の野菜を生産します。農協によって価格が決定され、「儲からない」と言うだけの慣行農業の農家たちの姿勢にも疑問を抱いていました。

実は、創業して10年ほど経った2000年代の初め頃に、私は何かに導かれるように農林水産省主催の就労農業体験や企業の農業視察ツアーに参加したことがありました。この経験が農業を始める直接のきっかけになったわけではありませんでしたが、農業に対する潜在的な興味がもともとあったのだと思います。

気候変動の主な原因は、人間の活動によって放出される温室効果ガスです。その中で最も顕著なものが二酸化炭素です。この排出量は、人間の経済活動に伴う、化石燃料の燃焼、森林伐採、産業プロセス、不適切な廃棄物管理、土地利用の変化などによって増加しています。しかし、農業に焦点を当てる中で、土壌がもたらす可能性を知りました。これが二酸化炭素の排出量を少しでも減少させる手段となるかもしれないと思ったのです。

その鍵となるのが土壌の中に存在する微生物です。微生物の生きる力を大切にする自然農法や有機農法によって、二酸化炭素を土壌隔離できるということを知りました。

土壌隔離とは排出された二酸化炭素を土壌に吸収させて貯留することですが、その際に微生物の働きが大きく役立つのです。肥料を使わなくても、土壌の微生物は動植物の死骸などの有機物を分解して、植物が吸収できる無機物に変える力をもっています。さらに植物の根の周りにも大量の微生物が活動しているおかげで、病害菌の異常繁殖を防ぎ、植物にとっては病気にかかりにくい状態が保たれます。

自分たちの経済活動のせいで壊れかけている地球に対して私に何かできることがあるとすれば、この微生物を使った自然のままを活かす農業しかないと思いました。このようにして、まったくの未経験ながら、農業への挑戦を決めたのです。

もちろん一企業、一個人にできることなどたかが知れています。しかし、一人が始めることで、後に続く人が出てくる可能性はあると思います。そしてその輪が広がれば、少しでも自然を守る手助けになるのです。であるとすれば、片手間ではなく、農業に正面から向き合って自分の会社の事業として取り組まなければ意味がありません。そこで知人のなかで農業に取り組んでいる人の話を聞いたり、農業がどのように展開されているかをあちこちに見学に行ったり、実際に私の会社がどんな形の農業に取り組むことができるのかを考えていったのです。

会社として目先の儲けにはつながらなくても、農業に取り組むことで、これまでの事業の領域を超えた新たな展開ができるはずです。さまざまな人々が農業に取り組み、自然と向き合い、農作物を多くの人に届けることによって、人々に喜びが広がり、幸福の連鎖が生まれていく期待も広がります。

私たちが農業に取り組んでいくことによって自然を取り戻していくことができれば、また私たちの活動が大きな輪となって広がっていくようになれば、私がずっと実現したかった、事業を通じて社会を幸せにするという社会貢献にもつながっていくはずです。

自分がなすべきことが農業であると自覚した私は、本当にやりたいことが見つかったと大いなる喜びを感じ、新たに農業を展開していく使命感に燃え、全力で進み始めました。

第2章

自然と向き合うなかで
気づいた命を育てる喜び

農業を通じて学んだ人間本来の生き方

農地は淡路島で即決

幸せな社会をつくるために農業を始めようと決意した私は、使命感をもってためらうことなく未知の世界に飛び込みました。農業に対してまったく無知の素人でしたが、不思議なことに不安はまったくなく、むしろ前向きで少しワクワクもしていました。

農業を始めるためにはまずは農地を確保しなくてはなりません。どこかに良い場所はないだろうかと、長野・山梨両県に広がる八ヶ岳高原で農業に携わっている知り合いに連絡してみました。すると、ちょうど兵庫県淡路島の農地を視察してきたばかりだと言うので、紹介してもらうことになったのです。当時私の拠点は東京でしたが、淡路島という場所に対してハードルを感じることはまったくありませんでした。ちょうど頓挫したエレベーター事業のために採用したスタッフが大阪オフィスで遊んでいたこともあり、むしろこれは私にとってチャンスだと思ったのです。

実際に現地を見てみようと淡路島を訪れた私の前には、だだっ広い荒れ地が広がっていました。その土地は耕作放棄地でジャングルのように草が生い茂り、まるで山に戻っていく寸前のような自然のままの状態でした。いわゆる「農地」と言われて想像するようなものではありませんでした。しかし、私の心には喜びが満ち溢れ、一目見て迷いなく決めました。

とにかく農地を確保することだけを考えていた私は、これからどんな野菜を作るかなどはほとんど考えていませんでしたが、「自然のまま」を活かす農業をすることだけは明確に決めていました。農薬を一切使わず、微生物が共生する健康な土を耕し、次の世代に命をつなぐ種を残していく、そんな自然の循環をきちんとつくっていきたいという思いだけで、私の農業が始まったのです。

農地は全部で9面、東京ドーム（4万6755㎡）とほぼ同じ広さで、完全に山のようなところも

当時の荒れ地

開墾作業

あれば、車が通れないほど木や草が生い茂っている場所もありました。私はそこで初めて田んぼも畑も、放っておくと自然に種が飛んできて草木が生え、完全に山に戻っていくのだと実感したのです。

荒れ地を農地に変えるため、まずは石を取り除き、チェーンソーで木を切り倒して、重機で木の根を掘り起こすところから始めました。同時進行で草刈り機とトラクターを導入し、開墾を進めました。生い茂っていた草はセイタカアワダチソウや2mくらいの高さのトゲだらけの野バラなどばかりで、最初は地面がほとんど見えないような状態でした。草刈りをしていくうちに、どんどん地面が見えてきて爽快でした。

作業自体は大変だったものの、苦しいと思うことはなく、むしろ楽しんでいました。

これが自然農、と言い張ることがもはや不自然

「自然のまま」を残す農業というと、有機栽培やオーガニックという言葉を想像するかと思います。しかし、有機栽培やオーガニックという言葉は、ＪＡＳ法の有機ＪＡＳ規格に適合する認証を受けたものにしか使えません。たとえいっさい農薬を使っていなくても、無農薬とうたってはいけないのです。

ここからが少しややこしいのですが、自然栽培という言葉のほかに、自然農や自然農法も存在します。自然農と自然農法との違いには、提唱した人が違うということがありますが、この詳細はここでは割愛します。農法としての主な違いは、土を耕すかどうかです。端的にいうと、自然農法は、耕してしまったら自然ではないという考え方に基づいています。

しかし、どんなに自然だといっても、人間がわざわざ種をまいてものを作ろうとしている時点ですでに不自然なのです。本当に自然のままを追求するならば、畝（うね）を作って種をまくのではなく、風や鳥が運んできた種から自然に育つものであるべきです。どんなに環境に良いことをしていても、自分のことしか見えていないと自己の不自然さには気づけません。YouTubeを見たり本を読んだりしていても、自分がやっていることこそが本当の自然農だと主張する人は大勢いました。皮肉なことに、私はこういう人を見るたびに、自然農ですら不自然農だと思うようになりました。

人間はただ生きているだけで地球環境に負荷を与え続けています。もちろん私はその負荷を少しでも減らしたいと思っていますし、やりたいのは自然のままを残す農業であることに変わりはありません。でも野菜を作るという時点ですでに不自然なのだから、自分がやっていることを自然栽培とか自然農と主張するのはやめようと思いました。

私の畑では下の土壌から耕すことはほとんどしていませんが、一般的に自然農ではだめだといわれているトラクターで上部を耕しています。機械を使うことを厳しく制限するのではなく、根底にある不自然さをきちんと認めたうえで、もっと大切なことに目を向けることにしました。それは微生物が共生する健康な土を作り、次の代に命をつなぐ種を残すことです。私はその信念をさらに強固なものにして、農地づくりを進めていきました。

まずは土壌調整、という当たり前を疑う

目に見えない土の中ではあらゆる微生物が有機物を分解しています。スプーン一杯の土壌の中に、地球の人口よりも多い微生物が存在しているともいわれています。私は土の下にも地上と同じ、いや宇宙と同様の規模の、ミクロの大宇宙とでもいうべき広大な世界が広がっていると思っています。そう考えると土の下には極力何も入れたくないと思うのです。

農地を手に入れて「さあこれから」というときに、周りの農家の人と話をしたこと

がありました。その中で、まずは土壌診断が必要だと教えられました。

土壌診断とは、畑の四隅と中央の計5カ所で窒素、リン酸、カリウムの含有量を調べ、現在の土地の状態を科学的に分析するものです。そして、その結果と都道府県ごとに定められた「施肥基準」に基づき、化学肥料を使用して土壌を整えるのです。窒素、リン酸、カリウムは丈夫な植物を育てるために不可欠な三大要素だそうで、慣行農法では土壌調整が普通に行われているそうです。

「土壌調整をすればあとは農協の指示通りに進めればいいよ」と言われ、その瞬間に私は彼らの言葉に耳を貸すのをやめました。薬を使うのは生態系を崩すという意味で絶対にやりたくないと思っていますし、大きくするために肥料をどんどん入れるという考え方にも、私は賛同できません。土に栄養を投入しないと作物はうまく育たないといいますが、山では梅の花や栗の木だって、誰も肥料を与えていないのに花が咲いたり実がなったりします。畑の理論では野菜が育ち実がなると窒素分が減るからその分の窒素を投入すべきだという考えですが、山には誰も窒素を入れてはいません。

せっかく山に戻っていく寸前の状態の自然のままの農地を手に入れたのに、そんな薬や肥料を入れたら台無しです。私は改めて、自分のやり方を貫こうと決意しました。
そんな孤立無援の状態だったので、最初は3人で地道に草刈りをしました。といっても私以外の2人は給料を出すから働いていただけで、私の意志を引き継いでいたわけではありません。もちろん、ほかに手伝ってくれる人は誰一人としていませんでした。

それでも不思議と苦痛だと思ったことはありませんでした。自分がやるべきことはこれだという使命感にかられていたのと、農業に対して非常に興味があったからです。興味をもっていることなら自ら進んで勉強できますし、知識も自然と頭に入ってきます。私自身はなんの技術ももっていませんでしたが、自然破壊を危惧する心と環境再生農業に対する想いは誰にも負けないという気持ちで、日々作業をしていきました。

微生物の偉大な力

土壌にはさまざまな種類の微生物が互いに助け合いながら共存しています。これらの多種多様な微生物の世界を菌叢（きんそう）と呼びます。まさに豊穣の世界、いわばミクロの大宇宙が広がっています。このことは土の中に何も入れずに野菜を育ててみて実感できたことです。土の中の微生物が万物の力を借りながら有機物を無機物に変え、それを野菜が栄養として吸収することで立派に育っています。無理に肥料を入れなくても、自然界はきちんと循環しているのです。

薬も肥料も使わないことに決めてからしばらくは孤立無援の状態でしたが、農業を始めて3年が経った頃、シンバイオス研究所の所長で微生物研究者の前田章宏さんと知り合ったことで大きな変化が生まれました。前田さんとは広島の少林窟道場という禅寺の縁でつながりました。坐禅に興味があった私が少林窟道場を訪れた際に、淡路島で農業をやっていること、農業に対する考え方、地球環境の保全への危機感などを井上希道老師に話すと、微生物を研究している人が近くにいると紹介してもらうことができました。

前田さんと私はすぐに意気投合しました。前田さんは学生時代に山梨県の富士の樹海の針葉樹林と広葉樹林の境目でテント生活をして、自分の便が広葉樹林では分解されて翌日にきちんとなくなるのに、針葉樹林では分解されないことに気づいたそうです。そこで土中の微生物の力で何かが起きているに違いないと考え、真相を突き止めようと研究に取り組んだのです。

卒業後は長野県で微生物の研究をしていましたが、少林窟道場との縁がつながって広島にたどり着き、広島に自分の研究所を構えて、今は微生物研究の第一人者として活躍しています。魚が健やかに生きられるように水族館の水槽の環境を整えたり、ペンギンの飼育場の臭いを抑えたり、エビやウナギの養殖環境を整えたり、豆腐工場の排水を微生物によってきれいにしたりと、功績を挙げればきりがないほどです。

私の畑で使っているのは前田さんが開発した微生物資材だけです。前田さんの微生物資材を使うようになってから、野菜の育ち方が随分と変わり、ビタミンなどの栄養価の数値が市販の野菜よりも高くなりました。前田さんはすばらしい研究者で、私は全面的に信頼しています。私の畑の土の状態も前田さんの研究所の最新鋭の検査機械を使って調べているので、自信をもって野菜を販売することができています。

微生物に頼らず、化学肥料を使うのはなぜ？

本来、植物と土壌の微生物はもちつもたれつの共生関係にあります。微生物は栄養を求めて植物の根に集まり、植物も微生物から供給された栄養分で育ちます。

化学肥料を使うのは、そういった本来の関係性に頼らずに育てるということです。化学肥料を与えれば、目に見えない微生物の力を借りなくても大きく育つわけですから、簡単ですし効率的です。しかし、考えてみるとそれはとても気持ちの悪いことではないかと私は思うのです。私は微生物の専門家ではないので科学的見地から詳しいことは語れませんが、化学肥料だけで大きくなったものは、人としての感覚からやっぱり不自然に思えるのです。

実際に前田さんも、本来植物は土壌に微生物がいなかったら育たないと言っています。堆肥だけをたっぷり入れたとしても、微生物群が偏った状態になって土壌の栄養がきちんと分解されないため、植物に栄養が届かないのだそうです。

ではなぜほとんどの農地では微生物に頼らず化学肥料を使っているのかというと、それは農業従事者自身の思考が停止しているからではないかと思うのです。みんながそうしているからそうするというのは、ただ漠然と生きている人と同じ思考停止ではないでしょうか。

化学肥料を使って楽に大きくなったような肥大野菜を食べて気づくのは、野菜本来の甘みがまったくなく、後味に苦味が残ることです。一方できちんと微生物の力を借りて育った野菜は、野菜本来の味と香りと甘みがします。私の野菜を買ってくれた人から、おいしい野菜を作るためにどれだけ手塩にかけて育てたのかと聞かれることがあります。しかし、私はほとんど何もやっていません。私がやっていることは、毎日きちんと作物の状態を観察して、物言わぬ作物の声を感じ取ること、そして水を与えたり周囲の草を刈ったりして養分がよく回るように手伝い、世話をしていくことです。「放っとかんで放っとくこと」が、人間にできる最大のことであると私は考えています。それが微生物の力を最も借りられる方法であり、自然の恩恵を受けられることなのです。

農薬を使うことの意味

私は、先輩農家や農協の関係者など誰にも頼ることなく、自分の考える農業を進めることにしました。それは、一般の農家が各地域で実践してきた慣行農法が、自分の考え方と真逆だったからです。

私は昔から卑怯なことが大嫌いで、自分たちの邪魔だからといって、ほかのものを排除するような考え方に嫌悪感を抱いてきました。

農業で言えば、まさに農薬こそが私が最も嫌うものの一つです。薬を使うことで作物を食べる虫たちは死にます。しかし実際には、虫たちが死ぬだけで終わるわけではなく、目に見えぬ土中の微生物の命にまで影響を及ぼしているのです。

そうした微生物までも殺して、さらに農薬が地中に溜まって流れ出したら一体どうなってしまうのか、想像するだけでもたいへん恐ろしく感じます。自分の目に見えないからといって、土中の世界を一切無視していいとは思えません。

あえて強い言葉を使うと、人間は自分たちのために邪魔な存在を殺しているのです。農薬をまいている人の人生はたかだか100年くらいで終わりますが、土の中で狂った生態系はその後も続いていきます。けれどほとんどの人がそのことにまったく気づいておらず、今の自分のためだけに自然やほかの命をないがしろにする選択をしています。

冷静に考えればこうした農法がおかしいことはすぐに分かるはずです。自分が食べるためだけにほかの存在を殺してもいい、などという教えはありません。それなのに疑問すらもたずに農薬を散布し続けているのが現実なのです。

多くの人がこうした事実に気づいていないのも重症だと私は思うのですが、もっと卑怯で許せないと思うのは、実は事実を理解していながら自分の商売を優先するために農薬を使っている人がいることです。

慣行農業では作地あたりの収穫量を指標としているため、土壌に肥料をどんどん投入します。そして畑の作物を食べる虫たちを害虫と呼び、農薬で殺します。弱った土壌はウイルスによって病気が増えるため消毒をします。そうやってすべての命が奪われた土壌と農薬まみれの野菜が人間の体に良くないことを知っている農家のなかには、自分の子どもや孫に送る野菜には農薬を使わない人もいるそうです。そこには命の根源をつくっているという農家本来のプライドのかけらもありません。そうまでしてお金を得たいのだろうかと、ある種の気持ち悪ささえ感じてしまいます。

効率と生産量を求める考え方は工業社会と何も変わりません。これは人間社会全体が分断・分裂しているからこそ起こっている問題だと私は考えています。自らの目線で邪魔なものを手あたり次第排除して殺したり、作物を大きくするために薬を使って地球を痛めつけたりしているのです。そして生命への配慮を欠いた無慈悲、さらにみんながやっているから自分もやっていいのだという無責任で無関心な感覚は、農業だけにとどまらず、都市にまではびこっています。こういった殺伐とした状況はひいては地球規模にまでなっています。

環境破壊も、都市部で起こっていることも、畑で起こっていることも、全部つながっていることだと私は思っています。こうしたことは、私が目指している「命の循環を大切にする生き方」の真逆に位置する、悪循環でしかありません。私たち人間は、そうした考え方を改め、脱却していくべきだと思うのです。

ミツバチからのメッセージ

私の畑では自然のままを目指していると言いつつ、それ以外の方法を取り入れていることもあります。例えばイチゴ栽培でのミツバチです。

約1万株のイチゴを人間の手で一つずつ受粉させるのではとても追いつかないので、巣箱ごとミツバチを購入して、8000匹のミツバチに受粉の仕事をしてもらってい

ミツバチを使ったイチゴ栽培の様子

ます。本当にありがたいことです。

ところが多くのイチゴ農家ではミツバチが、バタバタと死んでいっているのです。

イチゴの残留農薬はあらゆる果物や野菜のなかでも圧倒的に多く、一部の国では日本が輸出するイチゴは基準値の違いから検査で不合格となり、輸入が認められていません。それは、イチゴの栽培に農薬を平均35～60回も散布しているからです。淡路島のある兵庫県では61回と決められています。

多くのイチゴ農家ではビニールハウス内にミツバチを放って受粉させ、いったん巣箱ごと外に出して農薬をまき、2日後に再び巣箱をビニールハウスの中に戻すのだそうです。しかし、

農薬を使わずに育てたイチゴ

イチゴには農薬がびっしり付着してしまうので、ミツバチは農薬の影響をまともに受けて死んでいきます。

61回の農薬散布のたびにミツバチが死んでいくので、ミツバチを次々に買い足していくということが行われています。それが普通であるのが、私にはなんとも恐ろしいことに思えてなりません。

第一の問題は、ミツバチが死んでいく現実をなんとも思っていないことです。ミツバチが死んでしまうような薬を使って心が痛まないのかと、私には疑問に思えてなりません。

もう一つの問題は、ミツバチを全滅させるくらい危険な薬が付いたイチゴがスーパーで普通に売られていて、子どもの口にまで運ばれているということです。表面をきれいに洗えば大丈夫なのではなく、イチゴが成長する過程で農薬が使われているので洗っても取れないのです。

イチゴは、虫が付きやすいし病気が多いから、無農薬では作れないとプロの農家は言います。しかし、実際に無農薬でイチゴを作っている私にとっては、ただの言い訳にしか思えません。それは、自分たちの作物のためにほかの生命を奪っていることにほかなりません。生態系のことなど考えずに、できるだけ病気にならない売れるイチゴを作るために、ひたすら農薬を使い続けているのです。

農薬をいっさい使わない私の畑では、シンバイオス研究所との共同研究でできた微生物由来の液肥を週に1度与えることによって、土中の菌叢の状態が良くなっていきます。虫に関しては、みんなで地べたにはいつくばって葉を裏返し、茎をよく観察して、小さな虫や少しでも病気のもとになりそうな事象を見つけたら、食酢を薄めたものや食用の重曹を薄めたものをスプレーしています。とても非効率ですが、私はこの方法を続けていくつもりです。

いわゆる「雑草」とどう付き合うか

農業に携わる私たちにとって、いわゆる「雑草」との付き合い方は頭を悩ますことの一つです。多くの人はいとも簡単に除草剤を使ってしまいますが、植物を根から殺すということの問題をあまりにも軽視していると思います。根だけでなくその周りには生命が存在していますが、このことを意識している人は決して多くはありません。

草刈りは一度やったら終わりではなく、永遠に続く作業です。雨が降ったあとの雑草は、まるで喜びに満ち溢れているかのように、勢いを増してぐんぐん伸びていきます。1週間でまったく違う景色になってしまうので油断できません。

それでも私は経験を重ねるうちに、雑草とどう付き合っていけばよいのかが少しずつ分かるようになりました。面白いと思えるのは、土が肥えてくると生える雑草の種類が変わるということです。違う条件がそろうと、それまで土の中で眠っていた違う種類の雑草が発芽するのです。

野菜を種から育てようとすると雑草に負けてしまうことも分かりました。手をかけて育てている野菜よりも、何もしていない雑草のほうが伸びるのが速いのです。そこで、野菜の種類によっては直接種をまくよりも、苗まで大きくしてから畑に移植するようにしました。雑草の生命力はすさまじく、雑草のように生きるとはよく言ったものだなと思います。

このように自然と向き合うなかで、私は日々多くの気づきを得ていったのです。

間引き作業から考えさせられたこと

私が自然界の面白さを知った農作業の一つに、間引きの作業があります。間引きとは、あらかじめ多くの種をまいて、新芽が発芽したら一部を抜いて適切な密度にすることです。良い苗の育成を助けることができるという昔からの農家の知恵で、白菜や大根、人参などで間引きの作業が行われます。

私は最初、本当に間引きなんて必要なのかと疑っていました。どうせ間引くのなら最初から植えなければいいと思ったのです。第一、せっかく植えた苗を途中で引っこ抜くなんて非常にかわいそうなことです。

だったら試してみようと大豆を3つ植え、最も強いものを残してほかを間引いてみました。そして間引いた大豆を別の場所に植えてみたのです。すると弱いものは弱いままでしたが、反対に残した大豆はどんどん大きくなっていきました。同じように人参で試してみても、まったく同じ現象が起きました。自分で試してみて初めて、間引きはまさに先人の知恵だと理解できたのです。

私は間引きでの経験から、野菜が育つ過程にも競争があるのかと興味深く感じました。しかし、間引いた小さな人参は負けたのだから価値がない、というわけではありません。小さくたって人参であることには変わりなく、味もまったく同じです。顧客のなかには小さいものを欲しがっている人もいますし、マルシェでは間引きの野菜として販売しており好評を博しています。

自然界というのは、一般社会にあるような分離・分断・分業が一切ない世界です。自然の力でできたものはすべて平等です。大きいから良い、小さいから悪いという短絡的な判断基準はなく、それぞれに役割があって無駄なものは何一つありません。これが、私の実感です。だからこそ、この世の中に役に立たないものはないと私は思っています。

自然界に生きる人間の命もまた同じです。私たち人類は、あらゆるものが循環し、長い時間をかけて誕生した生物です。そのなかで何か一つでも欠けていたら、私たちは今ここにいなかったかもしれないのです。

お金に代えられないもの

こうして自然の力を借りて作ったものには、商品としてだけでなく、もっと違う価値があることを実感したことがあります。

農業を始めて少し経った頃、土を掘る機械の一部がポキッと折れてしまったことがありました。その田舎町でも購入したところに持ち込んで修理してもらうのが一般的で、ちょうど社宅にしている家の隣に鉄工所があったので相談してみました。

最近隣に引っ越してきたことや、農業をやっていることを伝えてあいさつをすると、鉄工所の人は「ちょっと見せて」と言って仕事の手を止め、パパッと溶接をしてあっという間に直してくれました。驚いた私がいくらだったかと代金を尋ねると、鉄工所の人はお金なんかいらないとサラッと答えたのです。むしろ、いくらだったかと聞いてくるとはどういうことかを理解できないかのように、キョトンとされました。そのとき、私は初めて財布を持っていた自分を恥ずかしく思いました。

私は相手がわざわざ仕事の手を止めてしてくれた好意に対して、お金を払うことだけで終わらせようとしたわけです。鉄工所の人は自分の労働力を使って私を助けてくれたのに、私はなんの労力も使わず、貨幣という交換の手段で片付けようとしていたのです。

私は数日後に、自分が作った野菜を持って改めてお礼に行きました。鉄工所の人は笑顔で受け取ってくれて、やっと相手の好意にこちらの真心でお返しができた気がしました。同時に、自分で生命の源をつくっているからこそきちんとお返しできるのであり、これも農業をやっていたおかげだと実感しました。

もちろん都会に住んでいたら自分で何かをつくることは難しく、こういった出来事は地方だからこそ体験できるという側面も大きいです。そもそも分離・分断・分業で効率化ばかりを求め、いつも最高の利益を求めていくという生き方をしていては、交換の手段である貨幣が使い物にならないという価値観などは到底理解できないと思います。

お金を持っていることがすごいという考え方は、根深く世の中に浸透していて、誰も疑わないように思います。でもそれで果たして何を得られるのだろうかと、私は真剣に考えました。貨幣がなくても回る環境に身をおくことや、財布を持っていて恥ずかしいと思う気持ちは、なかなか経験できるものではありません。

私は農業を通じてお金には代えられない価値のあるものをつくり続けていきたいと思います。

農業従事者を増やすために

すべてを自然の流れに委ねる農業は、人間に厳しい作業を強いることが多いです。気温も天候も、そして作物自身の生育も、あらゆることが人間の都合どおりにはいきません。逆にそういった状況に、常に人間のほうが対応していかなければならないのです。

私は従業員たちにはできるだけいい条件で働いてほしいと思っています。だからこそ農業に従事してもらう人たちにもきちんと休んでほしいと考え、週休二日制を取り入れていました。休めないという状況は気持ち良く働いてもらうためにはあってはならないことだと思っていたのです。

ですが、それは生き物相手には通用しないことを痛感しました。当たり前ですが、野菜が育つのに土日休みはありません。今週は3連休だから手入れに来なくていい、正月だから水は必要ない、などと野菜たちが言うはずはないのです。

実際に、農業や漁業など、生命を扱う一次産業には労働基準法が適用されないことになっています。厳しいと思うかもしれませんが、考えてみれば当然です。生き物相手に人間の勝手な都合で、週休二日制だ有給休暇だなどということは通用しないからです。この話をなにげなく知人にすると、子どもなんてまさにそれだと返されました。野菜も果物も子どもと同じ、日々成長していく生き物に変わりありません。

生命を育てる労働環境と、従業員の働きやすさの問題は、東京の会社の世界と淡路島の農業法人との間を行ったり来たりしながら、どうするのが最もいい方法なのだろうかと日々考えています。もちろん、淡路島の農業法人も週休二日制を導入していますす。

国は食糧安全保障という考えから「食料・農業・農村基本法」で国内の農業生産の増大を図ることを基本としています。現在農業従事者を増やす施策は助成金などいろいろと充実していますが、実際のところ助成金がもらえなくなると離農する人が多いのが現状です。

農業従事者の減少や離農の問題は、国内の農業生産の増大という目標に対して重要な課題です。農林水産省なども農業のイメージや評価を向上させるために、情報発信や広報活動に力を入れています。そして、例えば「みどりの食料システム戦略」を打ち出すなど、サステナブルな方向へも動いています。

しかし、昔から変わらない古い体質が、新たに農業を行おうとする人たちの大きなハードルの一つになっています。公的な立場から生産者に技術指導を行う営農普及指導員たちは、実際の地域で公務員や農協職員として所定の実務経験を経たのち、普及指導員資格試験に合格した人たちです。彼らの多くは、無農薬栽培や有機栽培を行ったこともないのに、「無農薬ではできない」「有機では収量が上がらないので儲からない」と言います。これが、新たに農業を行おうとする人たちの大きなハードルの一つになっています。

今後は、農業をやりたいと思う人が農業をはじめやすい状況を作っていけるよう、地域や国に対して提言していきたいと思います。

初めての小さな玉ねぎ収穫

農業を始めた当初、春に農地を借りてひととおり草刈りをした段階で、すぐに小松菜とトウモロコシを植えてみました。いきなり大したものはできません。素人が独自のやり方で栽培しようとしていたのですから、仕方がないことです。それでも一つ学んだことがありました。購入した種の入れ物にまで、農薬や化学肥料の使用法などがびっしり書かれていたのです。もちろん私は説明書のとおりにはしませんでした。

その年の冬、せっかく淡路島にいるから特産品である玉ねぎを植えてみようと思い、種を買いに行きました。すると店の人から、こんな時期から玉ねぎなんてできないと言われました。肥料を使わずに育てることを伝えたら、あきれ顔をされたのです。

しかし、翌年の梅雨の時期に逆転劇が起きました。私の農地にピンポン玉くらいの大きさの小さな玉ねぎができたのです。ピンポン玉程度の大きさでも、私にとっては間違いなく成功体験でした。愛おしい気持ちも芽生えましたし、何よりうれしかったことを思い出します。

私はさっそく種を購入した店に、小さいけれども玉ねぎができたと報告しました。報告を聞いて、こんな時期からでもできるんやなあとお店の人はなにげなく言っていましたが、私の心はとにもかくにも一つの実りを実現できたうれしさでいっぱいでした。

農家や肥料を売る店はそれで生計を立てている以上、失敗したら生活に支障が出ます。だから植える時期から育て方まですべて過去の成功事例どおりにして、確実に商品になるものだけを確実に作るというのが彼らの仕事になっています。つまり過去のとおりにするというのが彼らのなかでの当たり前なのです。

でも私の場合は違います。その植物の種子がもつ命の可能性と自然の力によって結晶は必ずできると思っているので、最初からできないなどと決めつける思考はないのです。

小学校のときにヘチマや朝顔を育てたことがある人は多いと思います。肥料なんて与えなくとも、土と水と太陽と微生物だけで育ったはずです。うまく育たないと、な

自家農園の苗床

ぜだろうとその都度きちんと考えて、先生や友達に相談したはずです。それなのに大人の園芸では確実に花が咲くように、収穫できるように、肥料を与えることが前提になっています。有名な雑誌や公共放送のテレビ番組でさえ、肥料や農薬を使うように紹介しているのです。

生物にとっていちばん大切なのは循環

これまでの科学は、地表から上に向かって発展してきたといわれています。天文学がその一例です。目に見えない土の中が注目されるようになったのは、実はここ数十年のことに過ぎません。２０１５年に北里大学特別栄誉教授の大村智さんが微生物の研究分野でノーベル生理学・医学賞を受けたことを記憶している人も多いかと思います。

人間の目に見えないところに微生物の世界は広がっています。46億年前に地球が誕生した後に現れた最古の生物は微生物です。微生物が延々と生きながらえてきてくれたおかげで、私たちは今ここに生きていられるともいえるのです。

あるべきものがそこに存在しきれいに回っているのが、循環であり自然の本来の姿です。土の中の微生物たちは自然と植物が育つように均衡を保ってちゃんと働いてくれていたのに、いつの間にか人工的なものを投入したために生態系が壊れつつあります。これこそまさに自然に対する冒瀆（ぼうとく）だと私は思っています。

環境が崩れると絶滅する生物が増えていきます。例えば童謡の『赤とんぼ』で歌われている日本固有種のアキアカネは、現在、30年前の１０００分の1にまで減っているといいます。原因は１９９０年代に稲に対する画期的な農薬が開発されて使用許可が出たからだ、という研究結果が発表されています。この農薬を使った結果、ヤゴからトンボになる羽化率が著しく低下して、アキアカネがどんどん姿を消していきました。稲作に用いる農薬の性能の向上がアキアカネの個体数を減少させたという、事実を知っている人がどの程度いるのか疑問です。

科学者は、現在、第6の大量絶滅期が迫っているといいます。その危機の到来は、過去5度とは比べ物にならないほどのスピードで進んでいると考えられています。これまでは隕石の衝突や火山の大噴火など環境の変化が原因と考えられているのに対し、間近に迫りつつある今回の危機は人類の存在に起因しているといわれているのです。

農薬の使用をはじめ、人間本位の活動が地球の多くの生物を絶滅の危機にさらしているという事実を知れば、このままでいいのかと危機感を抱く人がもっと多く出てくるのではないかと思います。

自然の力のすごさ

私は野菜を作っていくなかで、大自然の驚くべき力を実感する機会が増えていきました。無理に肥料なんて与えなくても、植物本来の特性と微生物の力で土が再生されていくのです。傷んだ土でイモを育てると土が良くなったり、マメ科の植物を育てると根粒菌が根に窒素分を貯めることで窒素肥料の代わりになったりします。私の畑では、最初のうちは根の付近からドブのような異臭がしたこともありましたが、土が肥えてくると臭いはなくなっていきました。実際に土壌が自分たちの力で再生されていくのを見て、自然は偉大だと感じました。

土の中にはいろいろなタイプの微生物がいることも知りました。例えば酸素が好きな菌（好気性菌）と嫌いな菌（嫌気性菌）、どちらでもない、いわゆる日和見（ひよりみ）菌などです。日和見菌は最も多く、環境に合わせて変化するので、土の状態によって大きく左右されるのがとても面白いと私は思います。

慣行農業では地面の浅いところと深いところの土を入れ替える天地返しという作業をするのですが、これでは土壌の下のほうに棲んでいる嫌気性菌が地上のほうへ行き、土壌の上のほうにいる好気性菌が酸素のない下のほうへ行くため、微生物にとってはたまったものではありません。

私の畑では、基本的に上のほうだけを浅く耕すようにとどめていますが、たまに土を切るように耕します。その理由は、土壌の下に酸素を送るためです。そうすると、嫌気性菌が、抗菌作用をもつ有機物を生成して、土壌をきれいにしてくれるのです。このようなことは微生物にしかできない活動です。

このように土と対話しながら作物を育てていくと、それまで活動していなかった微生物が息を吹き返したかのように、作ったら作っただけ土はますます良くなっていきます。作物が育つということは根の付近にちゃんと微生物がいるということですから、まさに良い循環ができているのだと思います。

もちろん私も悩むことが多々あります。自然農の本には立派な作物には虫が来ないと書いてありますが、私の野菜にはまだまだ虫がやってきます。また、土が良くなる

収穫した野菜たち

とミミズが増えていくともいわれますが、いまだに一匹のミミズも見たことがありません。ただ私は、実際にミミズがいなくてもおいしい野菜が育っているのだからあまり気にしていません。マニュアルと違うからといって思い悩み過ぎず、何事も目の前のものをきちんと観察することが大切だと思っています。

初めて収穫したあのピンポン玉大の小さな玉ねぎをきっかけに、私の畑は本当の意味で実験と実践の場となりました。常に試行錯誤を繰り返しながら、土も作物も年々良くなっていっているのを実感しています。

第3章

すべての生物と共生する自然農法へのこだわり

農業を通して
幸せな社会をつくる
「ファームシャングリラ」

自然に逆らわない

私自身は自然と触れ合うことで人として成長できたように感じます。サーフィンをし始めた若い頃には、自然のなかで自分が生かされているという感覚を得ました。そして野菜を育てていくなかで、社会を見る目を養うことができました。さらにもう一つ感じ取ったことは、自然には無理にあらがわず、むしろ任せたほうがいいということです。

エアコン工事の事業も継続している私から見ても、現代の生活では一年中エアコンに頼ることが当たり前になってしまっているように思います。つまり自然に合わせるのではなく、どう環境をコントロールして自分が快適に生活できるかという考え方が主流となっています。ほとんどの人々が、まるで自然よりも人間のほうが強い存在であるかのような感覚で生活しているように思うのです。

しかし、農業を通じて自然と向き合っていると、まったく逆の感覚を持ちます。当たり前の話ですが、自然というのは私たち人間の文明よりもはるかに大きな力をもっているのです。私たちは、例えば雨による不快感や不都合を克服して、快適さを追求するのが正しいと思っているかもしれません。しかし畑にいると、実際には自然に合わせて生活するほうがはるかに楽だということを、身をもって感じるのです。明日雨が降るという天気予報を見ると、今日のうちに種をまくことを考えます。それは水やりの手間が省けるからです。

かくいう私も、昔は高価な靴を好んで履いていたような人間でしたので、雨の日はとにかく嫌いでした。大事な靴が傷んでしまうのが嫌で、裸足で歩こうと思ったことすらありました。それが今ではそんな靴も履かないようになり、雨が降れば畑も潤うのでうれしいと思えるようになりました。

農業をやっていると、作物にとって雨がいかに大きな恵みをもたらしてくれるかを痛感します。雨が降った次の日は、野菜だけでなく雑草も含めて姿が変わるのです。景色がまるごと変わるといっても過言ではありません。私の畑では時間がきたら機械で水をまくということをやっていないので、雨のありがたさは非常によく理解しています。

雨のありがたさに気づいたことをきっかけに、自然には逆らうのではなく、すべてを受け入れて活かしていくほうがいいということを学びました。人間も自然のごく一部のちっぽけな存在であり、たかが数十年しか生きていない者が自然という大きな流れに逆らったところで、ほとんど意味はないのです。

障がいを持つ方の力を借りて

畑で人手が必要になったため、私は就労継続支援B型施設に作業の手伝いをお願いすることにしました。障がい者問題は私自身も関心のある分野です。畑の近くの山奥にある就労継続支援B型施設Cocousを訪問して、実際に作業をお願いできることになりました。

Cocousというネーミングは「ここから明日」に由来することを知り、感銘を受けました。施設のスタッフと利用者の皆さんは本当にすばらしい方ばかりで、私は良い縁に恵まれたと感じています。現在、週に4日、それぞれ7~8人が作業に協力してくれるようになり、私たちにとって重要な戦力となっています。

障がい者施設の運営費は国が賄っています。一人ひとりに障がい者年金も出ますし、家族と同居している人が多いので、ほとんどの人が生活自体はなんとかできているのが現状です。仕事の機会を得られれば、年金の足しにもなります。就労で得られる賃金の全国平均が月1万6000円くらいのところ、その施設の人たちは、地方で仕事がなく、月に7000~8000円程度しか得られていないということでした。それでも私の畑の作業を手伝ってくれるようになったことで、今では全国平均を十分に超えるくらいになっているようです。

彼らはとても高い能力をもっています。細かな作業に一生懸命に取り組む姿を見て、すべての人にすばらしい能力が与えられていると確信しました。私自身も、みんなとともに今後もずっと命の輝く場所を提供できるようにしていきます。

Cocousの利用者の皆さんと、私から皆さんへ贈った感謝状

「自然のまま」の農業が心も癒やす

「自然のまま」を大切にする農業には、地球を救って世の中を良くする可能性が十分にあります。微生物が豊富な土壌は人間にも良い効果を及ぼします。実際に海外では、土壌と触れ合うのには抗炎症や免疫調節、ストレス耐性などの効果があるという研究結果が発表されています。そして今後は土壌からストレス軽減薬の開発が進む方向であるともいわれています。

私の畑を手伝ってくれているCocousの

スタッフによると、畑作業をしてくれるようになってから、参加した利用者の心身の状態や雰囲気が大きく変わったというのです。例えば、以前は精神的にもふさぎがちで不安定だったのが、落ち着いたり、イキイキした表情を見せてくれるようになったりしていると話してくれました。このことは、農業によってメンタルヘルスの不調を改善できる可能性を示唆しています。人々に変化が訪れる様子を目の当たりにして、自然の偉大な力に触れることによる影響の大きさを感じずにはいられません。

実際、自然に触れることでストレスを解消できるという研究も相次いで発表されています。例えば、東京大学大学院農学生命科学研究科の研究チームが、2022年に自然との触れ合いの状況とメンタルヘルス状態の関連を解析しました。その結果、緑地で木々に接したり、自宅の窓から緑を見たりすることで、生活満足度や主観的幸福感が高まり、うつ・不安レベル・孤独感が減少するという傾向が見られました。自然を手や目や耳で感じると心が癒やされるということは、決して根拠のないスピリチュアルな話ではないのです。

メンタルヘルスの不調を改善しようとするときの必須条件は、自然に近い状態に身をおくことです。私の畑では「自然のまま」を目指していますが、そもそも種を持ってきてまくとか、水はけを改善するために畝の高さを調整するなど、完全に自然とは言い切れない要素もあります。私はそのことを重々承知のうえで、可能な限り自然に重点を置く努力をしています。このような取り組みが一人でも多くの人の人間らしさを取り戻す手助けとなるなら、私にとってこれ以上の喜びはありません。

私はこの考えを広めるために、学術的な知識をもつ専門家と協力し、信頼できる根拠を積み上げていくことを目指しています。

自然のままでの耕作を重視し続けることで私が感じるのは、大自然がもつ回復力の偉大さです。栽培を重ねるうちにだんだんと土が良くなって、いい循環を保ち続けてくれるようになります。このことが、人間の心にどれだけの影響を及ぼすのかということが明確になれば、ただ安心で安全な野菜を作ることだけにとどまらず、もっと大きな可能性を示すことになります。より人間らしく生きられる農地で、命が輝く野菜ができ、食べることで本物のうま味を感じながら健康になっていく、そのような好循環ができればもっともっと幸せの連鎖が広がっていくはずです。

農地は、自分の時間を切り売りして心が病んでいる人々を癒やします。自然とのつながりや心の安らぎを実感できる環境を創り出すことに、私は全力を注ぎ続けます。

生きる目的を問うこと、そして生きる目的をともに育むこと

人間が生きるうえで重要なことは、生きる意味や目的を問い続け、自らを高め続けていくことだと思います。私自身、盛和塾や京都フォーラムと出会ってから、生きる意味や目的を内省し続けてきました。このプロセスに終わりはありません。それでも、生きる意味や目的を問い続けていくことが重要だと思います。そして、個人で問い続けていくことに加えて重要なことは、生きる目的を人々や自然とともに育んでいくこ

とだと思います。

例えば、私の畑に手伝いに来てくれている就労継続支援B型施設の利用者の皆さんは、自分たちで野菜を作ったことが大きな達成感につながっています。ゆくゆくは私が出店しているマルシェに同行してもらって、自分が作った野菜が売れていくところを体感してほしいと思っています。顧客が喜んでいるのを見ることで、最終的に自分が作った野菜がどこに行ったのかが見えるからです。このような体験をすることで、自然と触れ合うことだけにとどまらない充実感が得られて、彼らの心もさらに変化していくはずです。

現在、計画段階ではありますが、さまざまな能力をもつ人を、少しずつ社員として積極的に採用していくことを考えています。努力したら、新しい世界が広がる。この希望が、障がい者福祉の領域でも新たな可能性を切り拓く手助けになるのではないかと期待しています。

生きとし生けるものの存在を認めること

障がい者をどのような視点でとらえているかと問われると、多くの人は障がいを持ってかわいそうだと無意識に思って見ている傾向があるように思います。私自身、先入観や偏見によってレッテルを貼られていた経験があります。そのため、私は人々がもっている無意識バイアスに対してとても敏感です。

ろくに勉強をせず出席日数が足らず、私は高校2年生のときに留年をしました。そしてようやく迎えた高校卒業間近のある日、進学する気がなかった私は、とりあえず就職説明会のような催しに出席することになっていました。しかし、説明会に遅れてしまい、遅れた理由と謝罪を述べようとしたところ、その場にいた先生からいきなり「お前、ほかの人よりも1年長く高校にいるのに、遅れてきてどうすんねん！　学校から就職先紹介できへんぞ！」と怒鳴られたのです。

なぜここまで言われなきゃならないのかと私は思いました。遅れたのは確かに悪いことですが、頭ごなしに怒られ、挙げ句の果てに1年長く高校にいることが、まるでダメ人間の代表格のように扱われたのです。いら立ちを覚え、別に紹介なんてしてもらわなくてもいいと答えると、今度は態度が悪いと叱られました。

多くの人々がもつ先入観や偏見によってレッテルを貼られる経験をしたことから、私はそのような行為に対して嫌悪感を抱くようになりました。それと同時に、自分自身はそういった偏見やレッテルを貼るような大人になりたくないと強く思うようになりました。このような経験をしたからこそ、障がいを持つ人や家庭環境が劣悪で少年院に何度も出入りしているような若者の言い分に対して、共感を抱くことができるのです。

特別に声をかけているわけではありませんが、自然と周囲には共感を抱く人々が集まってくる傾向があります。私はただ同じ視点に立ち、普通に話すだけです。私は、生きとし生けるものや地球上に存在するすべての生物に対して、互いの存在をきちんと認めることが自然であり、それが人間の尊厳を守ることだと考えています。

人間はみんな同じ

人間は地球上にただ存在しているだけの生物であり、本来的には皆平等で、同じ存在だと考えられます。地位や学歴、財産によって優劣をつけるべきではなく、また自分の子どもと他人の子どもとを区別するのも疑問視すべきだと思います。

農薬や除草剤が健康に悪影響を及ぼすことを知っている農家は、自分の子どもや孫に送る野菜には農薬を使わないようにしているといいます。しかし、市場に出荷する作物には農薬を使用します。これは、自分の大切な人だけが安全であればいいという考え方を示唆しているように思えます。

しかし、少なくとも私自身はこのような考え方をもったことがありません。他人にも身内と同様に安全な環境や食品を提供することが、農家のプライドであり、社会全体の健康と繁栄のために重要だと信じています。私たちはともに生きる地球上の仲間であり、互いの幸福を考えながら、より公正で持続可能な社会を築くことが求められているのです。

こういう考え方をしていると、「あなたの愛の源泉はどこからくるのか」と聞かれることがありますが、特に大層なものなどありません。いたってシンプルに、ニコニコ笑っている人が多いほうがいいと思うだけです。生きていれば時には我慢しなければならないこともありますが、誰も息苦しいところで頑張る必要なんてありません。みんながそれぞれ自分を活かせる場所にたどり着いてうまくいくような世界ができればいいと思っています。そういう人が多いほうが、自分自身も気持ちがいいですし、誰もが生きやすい世の中になるはずです。

ファームシャングリラとは

人類がこれからの目指すべき生き方を具現化する活動を、私は「ファームシャングリラ」と名付けています。シャングリラとはユートピアとも呼ばれ、一般的には理想郷と同じ意味です。語源は作家ジェームズ・ヒルトンが、1933年に出版した『失われた地平線』という長編小説に描写されるチベット山中の理想郷に由来します。平和への願いを込めて名付けられたため、「シャングリラ＝平和の象徴」として広まりました。

私はファームシャングリラで「みんなのしあわせがわたしのしあわせ」をモットーに、農業を通じて幸せな社会を実現していくことを目指しています。具体的には、農地での活動を通じて、それぞれの個人が得た知識や経験を共有し、互いに学び合う場を築いていくことを重要視しています。

私たちの目的は、単にコミュニティを形成することだけではありません。私たちは、農業を通じて人々がともに成長し、互いに支え合い、幸せな生活を創り出す社会の実現を目指しています。農業の実践を通じて、知識や経験を共有し、互いに助け合いながら、より持続可能で豊かな暮らしを築いていくことが私たちの目標です。

ファームシャングリラ構想の初期段階では、「地球にやさしく、みんなでみんなの命輝く安全な野菜を育てる」を基本コンセプトとして、一つの農園で参加者全員が野

農園の仲間たち

菜を育てる方法を打ち立てていました。従来の貸し農園（レンタル農園）のような自分の農地エリアと他人の農地エリアとの境界を、あえて引かないという考え方です。

貸し農園では、自分の場所で自分の野菜を育てるという方法で完結しますが、裏を返せば隣も向かいも、自分のところ以外は関係ないという世界が生まれていきます。仮に大雨の被害で畑がやられてしまったとしたら、自分が回復作業をするのはきっと自分の畑だけでいいことになり、他人の畑の面倒も見ることまで考えの及ぶ人は少ないと思います。これは、人間性の問題ではなく、分離・分断・分業をして権利を与える、現在の社会システムの問題だと考えられます。
ファームシャングリラはそうではありません。自分のために活動することが人のためになり、ほかのメンバーが活動することで自分が恩恵を受けるという仕組みによって、互いに助け合いの精神が芽生えます。このような実践を続けることで、自然が命をつくって共生しながら互いの命を育み合っていることや、すべてがつながっているのだということを、身をもって感じることができます。私たち人間の命も地球生命体の一部に過ぎないのだという、自然の絶対真理も自覚できるのです。

しかし時を経て、この構想に若干の変化が生まれてきました。畑を分けるかどうかよりも、もっと大切なことがあるのではないかと考えるようになりました。私たちは何かを否定するのではなく、高めることを目指すほうがより自然に近づくのではないかと思い始めたのです。

新たなファームシャングリラ構想は、畑も人も育っていくこと

貸し農園の例は小分けが論点でした。小分けにするよりもみんなで共働作業をするほうがいいと思っていましたが、たとえ小分けであっても畑も人も育っていく環境をつくっていくほうが、一歩先の世界にたどり着けるのではないかと考えるようになりました。一人ひとりが自分のエリアを良くしながら、自分のもっているノウハウや感じたことを周囲の仲間とシェアするコミュニティになっていけばいいと思ったのです。

よく考えていくと、小分けがダメなのではなく、小分けされたことで自分の都合しか考えず、やりたいようにしかやらない人間が問題だということに気づきます。

種を土に落とすとき、雑草を抜くとき、収穫するとき、そうした農作業の動きをしていくなかで何に気づき、自分自身の魂がどう応答したのかをしっかりと見つめていくことが大事です。自分の好きな野菜をただ作るということを超え、大自然と向き合

い、つながることができる体験があれば、それぞれの内面により良い生き方を選択できる力が生まれていきます。ファームシャングリラのコミュニティで育ち、自然との対話や学びを経験することで、参加者は自己を知り、自然の摂理に気づきます。このプロセスによって、既存の価値観や行動パターンにとらわれず、より良い選択をする力が芽生えるのです。

ファームシャングリラのコミュニティが成長し、参加者がみんなで支え合いながら自然に対して感動する場面を共有し合うことで、より本質的な力が育まれます。このようなコミュニティが形成されることで、参加者は自然との関わりを継続し、内発的な自然感覚を感じていくことになるのです。

現在、農園には毎週来る人もいれば、月に1回程度の人もいます。マルシェのお客様、大学生のインターン、日本を旅しながら畑を手伝う人、移住をしてお手伝いをしてくれる方もいます。百人百様の農業の接し方を提供しています。不定期のワークショップ併設のイベントデーでは、みんなで土に触れ、種植え、剪定、草刈り、畑づくりなどを行い、そのときできている野菜を収穫して、みんなで野菜を分けて持って

ファームシャングリラでのワークショップ

帰ります。

ワークショップでは自然との共生体験、微生物研究、天体観測、環境問題の根本的な研究など、「自然を知り、自然から学び、自然から気づく」学びの場としての分科会も行っています。

私たちの夢は、ファームシャングリラのコミュニティを、淡路島だけでなく全国に形成することです。私たちはより広範な地域やコミュニティに、ファームシャングリラの理念を広めていくことを目指しています。そうすることで、より多くの人々が内発的な自然感覚を得て、自然と触れ合いながら幸せに生活できる未来を創り出していくのです。

命が輝く野菜は栄養価が高い

私の畑で実践している「自然のまま」の農法を、私は「ファームシャングリラ農法」と呼んでいます。具体的な特徴は次のとおりです。

1. 有機物を土壌にすき込み、農薬や化学肥料はいっさい使用しません。土壌に有機物を積極的に取り入れることで、栄養素の豊富な土壌を形成し、それが植物を健康的に成長させると考えます。
2. 土壌微生物を豊富に含む土づくりを重視します。微生物は土壌の生態系を活性化させ、根の成長や栄養の吸収を助けます。有機物を分解する微生物の働きによって、土壌がより豊かな生命力をもつようになります。
3. 畑の作物を食べる虫たちの防除には、人間や地球にとって害のないものを利用します。自然な防除方法を選ぶことで、環境への負荷を極力抑えます。

この農法を採用することで、土壌の微生物と植物、人間、そして地球の共生が実現されます。私は実際にこの農法を実践しているなかで、その効果を実感しています。

植物は光合成をすることで二酸化炭素を吸収し、酸素を放出します。しかし植物はミネラルがないと生きていけず、それを得るためには土壌微生物の力が必要です。そこで、光合成でできた炭水化物を根から土壌に放出して、土壌微生物を集めます。お返しに微生物は植物にミネラルを与えます。つまり命の循環型農法ともいえるのです。

実際に、ファームシャングリラ農法でできた野菜を詳しく検査した結果、市販の野菜よりはるかに栄養価が高いことが証明されています。ビタミンC群とB群の値が、一般的に市場に出る野菜と比較して倍以上高いのです。また苦味やえぐみが少ないのも特徴で、それは硝酸イオンやシュウ酸が低数値だったことが理由でした。

シュウ酸はいわゆるアクの成分で、人体にとっては栄養素というより老廃物です。特にシュウ酸を多く含むホウレンソウには注意が必要です。シュウ酸過多は尿路結石症を起こす要因となります。シュウ酸を多く含む食物として、葉菜類の野菜やお茶類などがあります。シュウ酸の摂取を減らすことの工夫として、ゆでることやカルシウムと一緒に摂取することが推奨されています。

土壌中の硝酸イオンは肥料を与えることによって増加し、野菜が吸収することで野菜自体を傷つけてしまう可能性があります。そして根から硝酸イオンを多く吸収し過ぎることは、野菜の苦味やえぐみにつながります。

この硝酸イオンは人間にとって不必要なだけでなく、環境に対してさまざまな負荷をもたらす可能性があります。硝酸イオンは窒素肥料が土壌中で分解される際に生成されます。その結果、地下水の硝酸イオン濃度が上昇し、飲用の井戸水として使用される場合に健康への悪影響があります。また、窒素肥料の過剰使用は、畑からの窒素流出の原因となり、河川や湖沼の富栄養化現象を引き起こします。それによって異常増殖した藻類が分解される過程で酸素を消費し、その結果、水域全体が酸素不足になる可能性さえもあるのです。

ファームシャングリラ農法によって出来上がった命が循環する土壌は、気候変動の原因である二酸化炭素を隔離できるという研究結果が発表されています。つまり命の

ファームシャングリラ農法のメリット

循環型農法を展開することによって、土壌が二酸化炭素を吸収するということなのです。この農法の魅力は、野菜や果物を作ることで人間の体が健康になり大気中の二酸化炭素も吸収するので、地球にも将来世代にも良いという点にあります。ファームシャングリラ農法は、可能な限り誰も傷つけず、土壌と植物、そして私たち自身が共生する農業の在り方です。このように私たちは自然との調和を考え、持続可能な未来の実現に向けて歩を進めているのです。

食糧危機と食品ロス

ファームシャングリラ農法を実践する私たちの農業は、商業的な慣行農業のような大規模化や効率化を重視する考え方とは大きく異なります。最近の世界情勢から、食糧危機を心配する人も一定数います。しかし私たちにとって真に考えるべきなのは、まだ食べられるのに廃棄される「食品ロス」と、見栄えやサイズの基準に満たない野菜や果物を出荷できない仕組みです。

農林水産省によると、日本では年間約612万トンもの食品ロスが発生しており、これは東京ドーム約5杯分に相当する量です。世界では9人に1人が栄養不足に陥っているのに、なんともったいないことです。しかも日本の食糧自給率はカロリーベースで38％（2021年度）と半分以上を輸入に頼るほど低いのに、なぜか大量に廃棄しているという矛盾した現象が起こっています。

食べ物を捨てるのは、倫理観の問題だけではなく、地球環境にも悪影響が及びます。水分量が多い食品は運搬や焼却の際に大量の化石燃料を使うため、それだけ二酸化炭素の排出量が増え、大きな環境負荷にもつながるのです。

食品ロスの原因はさまざまですが、まずは過剰な供給の状況を見直す必要がありま す。販売の機会を逃さないために多くの物資を仕入れて余ったら廃棄するというやり方が変わらない限り、この問題は解決しません。例えばスーパーマーケットの惣菜コーナーなどを見ても、顧客に多くの選択肢を提供するために、多くの商品を並べるという手法が一般的です。そもそもスーパーの惣菜は売れ残りの食材を使って作られます。野菜が残っているから惣菜にし、食卓に載らなかった惣菜はすべて廃棄されてしまうのです。また、スーパーなどに並んでいる野菜や果物は、食品サンプルと見間違うほどの見栄えです。

このような商業システムを見つめ直すと、栽培段階で肥料を大量に使って大きな野菜を作ることや、商品としての見栄えにとらわれることに対して、疑問を抱かざるを得ません。

野菜や果物は人々の命の根本となる存在であり、私はこれらの作物がもつ本来の価値を大切にすべきだと思います。私たちの健康や命を支える存在として、見栄えではなく、生産方法、栄養価や味、香りなどの要素を重要視することが必要だと思います。

私は見栄えという一つの基準にとらわれず、自然の恵みを受け取る野菜や果物を真摯に受け入れるべきだと思います。その考え方が広まれば、生産者の努力と愛情が評価され、多様な野菜や果物が私たちの食卓に並ぶに違いありません。

色や形がきれいでなくても、栄養豊富で自然の恵みをゆっくりと感じられる野菜や果物が、私たちの食卓に豊かさと喜びをもたらしてくれます。それを実現するために、見栄えだけでなく本質的なものの価値を重んじ、野菜や果物が命をつくる源となるという真の魅力に目を向けることが求められます。

私たちはこのような視点をもちながら食品選びをすることで、生産者の努力を応援し、自然との共生を促進することができます。生産者も食品も自然も大切にすることで、より持続可能な食の世界を実現していくべきです。

オーガニックコットン栽培プロジェクトでの対話

世の中にオーガニックコットンを使った衣類が増えてきていますが、実際にはまだ普通のコットンの使用量のほうが圧倒的に多いのが現実です。そして、コットンも野菜と同じように、農薬を使って栽培されていることがほとんどです。

農業ではかつて、種とセットで除草剤を売りつけるビジネスが問題視されました。

除草剤によって雑草は枯れるため一見便利に見えますが、実際には栽培した作物の種が採れない仕組みが存在します。この問題はインドのコットン栽培に関しても同じです。一部の人々が利益を独占する一方、多くの人が種と農薬を一緒に買わなければならず、経済的な困難に耐えているのです。そして農薬による健康被害が広がり、働けなくなって生活に困窮したり、そうした人々の自殺も続いたりしているのです。

インドでは厳しいカースト制度が続いてきました。1950年に制定されたインド憲法でカースト制度は廃止され、現在も制度としては否定されたことになっています。しかし実際には色濃く残っています。例えば、農民として働く両親のもとで生まれた子どもは、農民から脱することができません。識字率が低く農薬を買わされても字が読めないために、正しい使い方が分からず健康被害が及んでいきます。そして健康を害した親が働けなくなることで貧困や児童労働が加速し、やがて一家で立ち行かなくなるという悲惨な状況があとを絶ちません。普段知らずに着ている綿のTシャツは、実はそういう背景のもとで作られているのです。

私の畑では、2023年6月から「ミラコラキャリア塾」（以下、ミラコラ）とコ

オーガニックコットン栽培プロジェクト

インド国内とオンラインでつなぐ

ラボし、オーガニックコットンの栽培プロジェクトを始めました。ミラコラとは、小学生と企業がコラボしてさまざまなミッションに立ち向かうというコンセプトで、商品開発やプロジェクト活動を展開している塾です。私の畑では、「自然のまま」の農業を小学生とともに体験しながら、彼らの気づきや疑問を通して一緒に学びを深めています。

目的は、栽培してオーガニック好きを広めることではなく、コットンは本当にオーガニックで作れるのかを知ることです。さらにその結果をインドのコットン栽培地域のインドの子どもたちとも共有しながら、インドの実態も知ることで、今後どのような行動を自分たちがとっていくべきかを考えることが目標です。

ミラコラキャリア塾に参加した子どもたち

将来世代を担う子どもたちの見方が変われば社会が変わる

私は、コットンと農業を巡るインドでの厳しい現状についての話を、ミラコラ代表の山田将史さんから詳しく聞き驚きました。一方で私自身が野菜を育てている経験から、コットンは農薬を使わずに育てることができるはずだということを思い立ちました。そこでミラコラとともにマルシェで顧客に呼びかけて、本当に育つかどうか、みんなで淡路島の畑に植えるプロジェクトをやっ

ミラコラキャリア塾で育てたコットン

てみることにしたのです。
当日畑に来ることができなかったミラコラメンバーにも、家でプランターに種をまいてもらうことにしました。このようにしてプランターでも畑でも発芽が始まりました。
順調に育って秋にコットンボールができたあとには、なぜわざわざ農薬を使っていたのか、多くの虫や微生物だけでなく、インドでは貧困を極める農家の人々の命が奪われているのに、なぜ変わらなかったのかなどについて考えていきました。
安価で作る意味や背景だけでなく社会構造も分かる子どもが増えていけば、将来世代を担う子どもたちの行動は変わっていくに違いありません。だからこそ、オーガニックが好きな子どもを増やすというよりももっと根本的なこと、つまり悪しき社会構造や金儲け一辺倒の大人に搾取される現実を改めていかなければならないのだということを、コラボの実践を通じて子どもたちに知ってほしいのです。

自省を込めていうならば、私自身も含めて大人というものは、きれいごとを言っていてもしょせん汚れてしまっているものです。もっとひどいのは、心が汚れているのに自分が汚れていることをまったく認識していない大人がいるということです。

プロジェクトを通じて、大人は、そして現在の経済社会は、なぜこんなことをするのだろう、と子どもたちに感じてもらいながら解決策も考えていく、そのような対話の場も設けていきます。

とらわれを超えて、世の中の構造を疑う

子どもたちと対話を深めるたびに楽しいと思うのは、子どもたちの柔軟な発想です。子どもたちにはとらわれたようなところがあまりありません。そのため、社会の構造や常識についての鋭い質問をしてくれることが多々あります。

私はこの社会の構造や常識に疑問を抱き、自分自身で考える姿勢が非常に重要だと考えています。信じられないことを疑い、自分の意志と判断に従うことは、個人の力を強く引き出し、社会にポジティブな変化をもたらす可能性があると思います。

例えば野菜や花の種を買いに行ったとします。種の袋に薬や肥料のことがたくさん書いてあったとしても、多くの人は何も疑わず、そのとおりに薬や肥料を買いそろえるはずです。ゼロから初めて取り組むときに、疑いの目をもたずに信じてしまう人がほとんどです。私はそうしたことに違和感を抱き、気持ちが悪いと思ったからこそファームシャングリラ農法で農業をやっています。説明書に書いてあるとおりに肥料

を買っていたら、虫が来たときに消毒をして、いつの間にかそこに書かれていた仕組みにどっぷり浸かってしまっていた可能性もあります。

つまり、この違和感を抱くということが非常に重要だったように思います。子どもの時にはなぜなのだろう、どうしてなのだろうと、いろいろな疑問が次々と出てきます。しかし、小学校、中学校、高校と年齢を重ねるにつれて少なくなり、最後は違和感を抱くことすらなくなってしまうのです。これは学校という社会構造にはまって、単一の評価基準で良い悪いを判断する社会で育つからです。この学校という社会システムは、違和感を抱かない人間をつくることに関しては非常に優れたシステムだと思います。

違和感を抱くために必要なのは、学校などの評価基準よりも、内発的自然感覚を大切にすることです。内発的自然感覚とは、内なる真の心の声ともいうべきものです。

要は、失敗か成功かを分けること自体が間違っているといいたいのです。なぜならば、人間全員が所詮、自然界の循環のなかで生きている、ちっぽけな存在に過ぎないからです。

命が循環する野菜たち

種をまき続けることの大切さ

私が農業を始めて7年が経ちますが、畑でやっていることが事業として完全に成り立っているかといえば、まだまだ道のりは長いです。自分自身、遠回りをしているなと感じることもあり、もしかしたらもっと早い方法があったのかもしれないと考えることもあります。しかし、正しいことを一生懸命にやっていれば、神様はちゃんと見てくれていると信じています。

ある時、子育て中の母親から、うれしい

コメントをもらいました。彼女は私たちが栽培したイチゴを見つけて、安心して子どもに与えることができると言ってくれたのです。彼女は子どもの誕生日にイチゴを食べさせたいと思い、私たちのイチゴを注文してくれました。私の農場ではいつでも農業体験や畑見学を受け付けており、野菜を注文してくれた人が農場を訪れたいと言ってくれたり、マルシェに買い物に来てくれた顧客が農場に来て農業体験を経験したりしています。少しずつですが、ファンが増えていることを実感しています。

「自分の子どもには安全でいいものを食べさせたい」という親心がきっかけだったとしても、そこから命の循環に気づいてもらえればいいと思っています。私たちが育てる野菜は、命が循環していることを感じさせます。スーパーで売られているような野菜とは異なる存在に見えるのです。このように物事に対する見方が少しずつ変わり、私たちが作っている野菜を選ぶ人が増えることを期待しています。

大きな変化は突然訪れることが多いものです。日々、何も行動しないよりも、一生懸命に行動し続けることが重要です。その積み重ねが、ある日、突如として大きな変化につながるに違いありません。私は楽観的に考え、将来は明るいと信じています。

だからこそ、種をまき続けているのです。

消費の仕方とお金の機能を改めて考える

企業は社会の公器であるといわれるのは、企業の利益を将来世代の幸せや地球の再生など、公共幸福社会の実現のために投資するからだと私は思います。私は「ファームシャングリラ構想」を実現するために、母体の会社の事業で得た利益の50％以上を使ってきました。私自身が母体の会社のオーナー経営者なので、サラリーマン社長と違い、誰からも経営についての支配を受けません。だからこそ内部留保を無意味に貯め込むくらいなら、公共幸福投資に踏み出すべきだと思ったのです。

そもそも、人はなぜお金を貯め込むのかと考えると、世の中には通帳に印字された数字に一喜一憂し、交換の手段である貨幣をなによりも価値があるものだと思い込み、果てにはただの紙切れであるのに命より大切にする人も数多く存在することに気づきます。お金は本来人間が便利に暮らすための手段として生まれたはずなのに、それが目的にすり替わっています。お金のために時間を切り売りし、お金が少なくなれば不安になり、気がつけばお金に支配されるようになっているのです。

お金には3つの機能があるといわれています。ものや労働をやりとりする交換手段としての機能、当初の価値のまま保存できる価値保存としての機能、高い安いが分かる価値尺度としての機能です。この3つの機能が正常に働いている世界は便利で効率的ですが、現状は価値保存の機能ばかりが膨れ上がってしまっています。

世界の大富豪トップ26人が、経済的貧困層の半数にあたる、約38億人の総資産と同額を所有しているといわれています。2016年に最初に発表されたレポート以降、毎年経済格差は拡大しています。世界のわずか1%の超富裕層の資産は、残り99%の資産より多くなっているのが現実です。こうしたことを考えると、私たちは貨幣にだまされ、利用され、気づかないうちに奴隷になっているのではないかと思うのです。貨幣が絶対という資本主義システムに知らない間に操られ、人や地球の生命が脅かされています。

だからこそ、消費するときにも注意が必要です。何を買うか、どこで買うか、一つひとつの選択が、将来世代や地球の未来を大きく左右します。消費とは、自分が世界をどうしたいかを意思表示する行為です。

皆さんのお財布の中には、直接意思表示できる選挙権があるのです。

SDGsの目標12は、「つくる責任、つかう責任」と題されています。この目標は、持続可能な生産と消費の促進を目指しています。環境や社会的な側面から商品やサービスを選択したり購入したりするエシカル消費は、顕著に増加しています。近年、製品やサービスの選択において、多くの消費者が環境への影響や社会的な側面に敏感になっています。Z世代（1997年生まれから2012年生まれくらいまで）は、従来の世代と比べて、エシカル消費に対して特に強い関心をもっているとされています。

このような状況にもかかわらず、昨今注目されているGoogle（Alphabet Inc.）やMeta（Meta Platforms, Inc.）などは、依然として、広告事業で主要な収益を上げています。広告とは、消費を促すものです。特にデジタル広告においては、個人のオンライン行動をトラッキングしてまで意思表示のない消費を促そうとしています。

しかし、消費という行動は、他人に支配されるべきではありません。私たち「生活者」が消費するということは、本来生活や文化のためであり、自分で意思を持って行うべきものなのです。

生活者は全人格的な存在だということを、みんなが認識する必要があると私は考えています。すなわち自らの内なる声に耳を傾け、他のものの内なる声にも、さらに地球や宇宙の内なる声にも耳を傾けることが大切です。それによって、自己と他者そしてすべての存在が、同じであって、つながっているという感覚をもって生きることができます。自らの生活を営んでいく主体者として日々生きていくことができれば、世の中に存在するすべてのことを考えて意思を持って消費ができるはずです。

コロナ禍をきっかけに地球再生について考える

私は、経済活動そのものが、新型コロナウイルスによるパンデミックを引き起こした要因の一つなのではないかと思っています。あまりにも経済活動が拡大した結果、生態系が崩れ、大量の人や物が際限なく世界中を移動するようになりました。そうしたことが、新型コロナウイルスの発生に際し、ウイルスが世界中に急速に広がっていくことを助長したと考えています。

問題を複雑にさせてしまったのは、そうしたことに加えて、現在のグローバル経済の在り方だと思います。サプライチェーンを世界中に広げることで、私たちは地球の反対側から安いものを大量に入手できるようになりました。しかし、そのサプライチェーンのどこか1カ所で問題が起きると、それまで普通に使っていたものが入手できなくなってしまうような事態に陥ったのです。日本でいえば、新型コロナウイルス感染症が拡大した2020年にマスクが不足し、一時期は高額になり、マスクを巡るパニックも起こりました。

世界各地の都市ではロックダウンが実施され、日本でも緊急事態宣言が幾度も出され、外出自粛、ステイホームが強いられました。お盆や正月に帰省することもままならず、「人と寄り添って生きる」という人間たるための行動様式すら、根幹から否定される事態となりました。

しかし、極めて皮肉なことに、今回のパンデミックによって経済活動が大幅に抑制されたことから、地球環境の破壊に一時的に歯止めがかかりました。コロナ禍前まで、私たちには「止まる」という決断をする能力がありませんでした。現代を生きる者として、ウイルスからのメッセージにどう応答し行動するのか、私たちはこの事実から、将来世代のためにきちんと学びを得なければならないのです。

生命誕生から39億年、生物が陸上に上がってから4億年といわれます。5度の大量絶滅も経験しながら、生物は相互に依存した、非常に複雑な生態系を発達させてきました。そして私たち人間が経済効率性に走った結果、今回のパンデミックを引き起こしたのです。

農業界というくくりで見ると、人々が在宅する、いわゆるおうち時間が増えたことで、家庭菜園に取り組む人が増えました。ホームセンターや直売所では野菜苗の売れ行きが好調で、貸し農園でも新規契約者が急増しました。家庭菜園の本もよく売れたようで、オーガニック野菜の売上も世界的に大きく伸びました。

そしてこの動きは今後も活発化していく勢いです。「オーガニック」「自給自足」「自然回帰」などへの関心の高まりは、コロナ禍に命の循環を脅かされた人々の希求によるものではないかと私は思っています。

私たち人間は、目先の繁栄を考えるのではなく、地球を大切にし、7世代先の幸せを考えるような長期的な視点をもつことが必要です。内発的自然感覚に正直に、そして自己と地球と将来世代の視点を統合できる人々が増えれば、地球の再生は実現可能です。

意志は死なない

農業は野菜を育てることだけにフォーカスされがちですが、それ以上に人々を健康にして、地球の再生に貢献できるものであると私は信じています。より多くの人が地球環境に配慮する行動をとり、今の世代だけではなく、将来世代のことまでよく考えて行動していけるようになっていくと、地球の状況は少しずつ変化していく可能性があります。

大きな政治はなかなか変わりませんが、ファームシャングリラのコミュニティの力が強くなれば、地方の小さな政治は変わる可能性があります。そしてそれが持続可能で再生可能な社会変革のきっかけとなり得るはずです。このように、農業は食料生産の手段であるだけでなく、人間や地域や地球の再生の実現に向けて重要な役割を担っていくのです。

自然のままである状態を重視するファームシャングリラ農法が、生命体にとって健康で正常であることは明白です。そのような農業の実践が広がり、将来的には正しい流通経路が確立されると、従来の慣行農業を続けている農家も徐々に農薬を使わないようになり、おいしく健康的な野菜がどんどん増えていくはずです。そうなれば、慣行農法に頼った従来の農産物は、市場での競争力を失うことになると予想しています。

このような変化は、私たち生活者の意識や需要の変化によって促進されます。消費者が自然で健康的な野菜に関心をもち、それを求めるようになることで、今までの慣行農法のものは売れなくなるはずです。売れないと分かると、多くの人が慣行農法を見直して変えていくはずです。慣行農法の農家は必要のために、より地球環境を考えた、より自然に近い栽培方法への変革を進めることになります。

多くの人が、これは非常に大きな課題であり、そんなに簡単に変わるはずはないと言います。もちろん容易なことではありませんが、私は、野菜栽培とマーケットのパラダイムシフトが起こり始めていると感じます。そしてより地球環境にやさしい農法が主流となっていく可能性を感じています。仮に自分が生きているうちに変わらなくても、いずれは変わるはずだと信じて、私は実践を続けています。なぜなら意志には寿命がないからです。強い意志は時を超越するのです。

人間の生命は有限であって、誰もが死を迎えます。しかし、個人から個人へ、個人から仲間へとその思いが受け継がれることで、より強固に、より高次に発展する可能性があります。自分の人生で何ができるかできないかを考えたり、もう年だからと言い訳を並べたりしていても何も変わりません。自分が生きているうちにできることを、ただ愚直に一生懸命にやり続けることが大切です。そんな今を懸命に生きる姿を、神様は見捨てることはないと私は信じています。

第4章

人間と自然が共生する未来へ――

健康な土壌や作物を作り続け、地球再生に貢献する

自然に触れたいという願望は、誰のなかにもあるはず

大自然に触れると心地よさを感じるのは人類の本能だと私は思っています。これは人間の進化の過程の遺伝子によるものであるとされています。つまりどんな人でも本来、自然に触れたい、還りたいという願望をもっているのです。知らず知らずのうちに自然を求めるのは人として当たり前のことなのです。これは人としての土台でもあると私は思います。

例えば都会の商業施設であっても、ウッドデッキや屋上緑化庭園を設置しているところが増えました。これは、自然に引き寄せられる人が多いことを分かったうえでの商業戦略です。

多くの人は日々のタスクに追われて忙しく慌ただしい生活をしており、現実と違う方向へ流れていかないように理性を保とうとしているのではないかとも思います。自然のなかで深呼吸し、澄んだ空気を心ゆくまで感じ、その大いなるエネルギーに触れ

ることで、自分自身をじっくり観察し、心の奥深くから湧き上がる声に耳を傾けてみるべきです。本来の自分を呼び戻すことこそが大切であり、そのための選択肢の一つとして、私たちの展開しているファームシャングリラ農法に取り組んでみることをお勧めしたいと思っています。

農地に行けない人でも、今すぐにできること

大自然に触れるには、都市から離れて地方の山や海に行ったり、農地で農業体験したりすることがいいと私は思います。しかし、実際には行くのが難しいという人がほとんどであるのも確かです。そんな人に私がお勧めしたいのは、プランターでいいので自分の手で野菜を育ててみることです。これなら都会の真ん中のベランダでも気軽に試すことができます。

農地と比べたらプランターはとても小さな世界です。それでも土に触れたり自分で

何かを植えたりすることによって気づけることはいくらでもあります。大切なのは自分で体験して気づきを得ることです。

小さい種をまくとやがて発芽します。短期間で発芽するものから、時間がかかるもの、発芽まで太陽を嫌うものまで、さまざまな種類があります。それらを調べていくと、ワクワクしている自分に出会えるはずです。植物が育つ姿を目にするとどんどん楽しみになりますし、できた野菜を収穫して料理をしたり、味わったりするなど、行動の瞬間のたびに心が動きます。自分が育てたものは愛おしくておいしいものです。いかに精神的な価値が高い行為であるかは、きっと自分で育ててみれば分かるはずです。

私はプランターで野菜を育てているミラコラの子どもたちとコラボして、報告会を毎月1回開いています。なかなか芽が出ないプランターを目にして子どもたちは、もっとこうしたらいいのではないかといろいろ対話しながら、あらゆる可能性を調べたり考えたりしています。生ごみなどの有機物と微生物の働きを活用して発酵・分解してできた堆肥をコンポストといいますが、ある子どもは「コンポストを入れ過ぎないほうがいいのかも」と考えてその量を減らしたり、ほかのプランターと比べたりしていました。そうやって自分たちで興味をもち始めると、どんどん答えを求めて面白くなっていきます。

いきなり野菜を育てるのはハードルが高いと思う人ならば、観葉植物でも構いません。観葉植物は小さな生命体でありながら、存在していること自体が貴重であり、観葉植物を通して気づくことは無限にあります。例えば、水やりや日光の影響を観察することで、植物の成長に対する環境の影響を理解することができます。また、新芽の発芽や、葉や茎の変化を通して、季節の変わり目を感じることもできます。

プランターで野菜を育てるときにとるべき選択

いざプランターで野菜を育てようと思ったときに、ぜひ注意して見てほしいことがあります。種や土が入っている袋やプランターの裏面の原材料が書かれている部分です。

種や土の袋には、必ずといっていいほど薬や肥料のことが書かれています。そこにあるマニュアルどおりにしなくても、土と水と太陽と微生物の力だけで実は十分に育つということを、まずは実感してほしいのです。マニュアルどおりにやろうとすると、環境負荷を与えてしまい、育った野菜はおいしくなくなります。まずは気負わずに、何も入れないで育ててみればいいと思います。

またプランター一つをとってみても、ほとんどがプラスチックでできているものだと気づきます。土でさえほぼビニール袋に入っています。プラスチックは確かに便利で現代の生活に欠かせないものですが、一方で適切に処理されなかったプラスチックごみが海洋へ影響を与えるなど問題もあります。

世の中にはいろいろなものが売られていますから、何の疑問も持たないまま値段の安さだけで選ぶと、間違った選択をしてしまうこともあります。ところがそれらに対して興味をもって、どこでできたのか、原材料は何なのか、なぜ海外から運ばれてくるのにこんな安い値段で販売されているのかなどと考えていくと、世界に張り巡らされたサプライチェーンの問題を感じられます。そして、原料調達や製造の過程に犠牲者がいることが見えてくると思います。このように買い物一つをとってもさまざまなことを感じることができるのです。

誰かを犠牲にして安い労働力を使って作り、二酸化炭素を大量に発生させながら遠くの地から物を運ぶようなやり方は、持続可能な未来を築くうえで考え直す必要があります。実はわざわざプランターを買いに行かなくても、土のう袋や麻袋で育てることができるということも知っておいてほしいと思います。土を入れるのはプランターだけではありませんので、ぜひいろいろな方法を試してみてほしいと思います。

農業にマニュアルはない

さっそく土と種を用意して野菜を育ててみようというときに、一つ覚えておいてほしいのは、完璧なマニュアルの類いはいっさい存在しないということです。野菜を育てるということは生き物を育てることであり、個体差や環境に大きく左右されるからです。単純にマニュアルを信じ込んでしまうと、枯れてしまったときにマニュアルのせいにしてしまいかねません。それよりも、目の前で変化していく命を、毎日欠かさず自分の目でしっかり観察することが大切です。

何事もなく順調に育てば楽ですが、必ずしもそうはいかないのが生き物です。元気がなくなることもありますし、芽が伸びてもひょろひょろとしていて頼りない状態が続くこともあります。逆に勢いが良過ぎてプランターに収まりきらなくなることもあります。そういうときは、水や光、温度、湿度、土の状態を確認しながらあれこれ自分で試します。インターネットなどで調べればあらゆる情報が出てきます。ただし、正確で信頼性のある情報を見極めることが重要です。

やがて実がなります。できた実はスーパーで売られている絵に描いたような見栄えではないはずです。形がいびつだったり、色が薄かったり、とても小さいこともあります。でも決して失敗だととらえずに、自分で調理して食べてみることが大事です。きっとそのおいしさに驚くはずです。そして自分で愛情をもって育てたものは、いくら完璧でなくても、とびきりおいしいことを心から実感できるのです。そして愛が生まれている自分に出会えるはずです。私はそこに命のつながりという真実があると思います。

つながりを意識できる実践

個人が畑で農業をすることは、難易度が高い部類に入るのではないかと思っています。それなら、自宅で窓を開け、種をまけばいいのです。太陽の光があり、水があり、空気があり、そして土中に微生物が存在していれば、野菜は育つのです。プランターだろうが小さな鉢だろうが、規模の大小は関係ありません。

命をもった人間が、命のある土壌に、命をもった植物を植えていくことで、人間にできることは何なのかという問いが心の中に芽生えるはずです。そして実りを経験したとき、豊かさの本当の意味を理解できるはずです。間違いなく、ひと粒の種から、枝が、つぼみが、花が現れるありさまを見たとき、自然への感謝の念があなたの中から生まれ出るのです。成果物としての野菜を食べたとき、味覚だけでなく五感すべてが反応します。さらに、野菜から種を採り、その種をまいてまた発芽したとき、命のつながり、命の循環を知ることになります。ここまでくれば、自分が大きな流れのなかで生きていることを実感でき、地球環境問題もまさに自分事に変わってくるのです。

残念ながら都市部では、このようなつながりを感じられる仕事はなかなか見つけられないように私は思います。目先の利益を優先し、効率化のために分離・分断・分業化が進んでいるからです。だからこそ効率が悪いことを承知のうえで、あえて都会のベランダで一から野菜を育てるという体験から始めるべきなのです。そうすることによって、ものの見方が少しずつ変わってくると私は思います。

原材料から育てることで、見える世界が変わる

プランターで野菜を育ててみると、本来のあるべき自分を感じることができます。

その次には市民農園を借りることを検討したり、援農といわれる農業ボランティアについて興味を覚えたりすることもあります（ただし、援農の場合は、慣行栽培の農家が多い実情を知り、落胆することもあると思います）。しかし、必ずしも行動を大きく変えなくても、楽しめる方法があります。なかでもお勧めしたいのが、加工品をその原材料から育てて自分で作ってみることです。

例えば、大豆を育てて味噌を作ってみるのも一案です。原材料である大豆から育てている人はほぼいないと思います。自分で育てた大豆で味噌を作ることができれば、これまでのものとは絶対に味が違うはずです。そして、今度はできた種を自分で植えて、大豆を作り、味噌にするのです。種を命の源にしたときの感覚を語れるようになれば、まさに本物です。世の中には本来こういうものしか存在しないはずだということが分かると思います。そしてこうした経験から、いろいろなことを感じてもらえばいいと思います。

できないことを誰かにやってもらったほうが効率良くできるのは当然です。仕事上では、効率化のために一部の作業をしばしば外注します。しかし、小さな分業を行うことで、自分の立場でしかものが見えなくなり、近視眼的になってしまいます。

味噌はスーパーで買う品となってしまっているのも、流通や小売りの側から、お金をただ消費してくれる消費者と見下され、マーケティングの餌食になってしまっているからです。逆に大豆を作り、味噌も作った経験があると、ものの見方も変わり、商品を選ぶ力もつきます。仮に自分で作った味噌がなくなり、買う必要に迫られたとしても、すでにマーケティングの呪縛から解き放たれた選択ができるはずです。そうなってこそ、消費者ではなく、自らが主体的に生活している「生活者」となるのです。

効率化は、分離・分断・分業を招き、思考を停止させることがしばしばあります。そうすると、思考が止まっていることにいっさいの疑問も抱かなくなります。社会のさまざまな制度一つとっても、国が決めたことだから仕方がないという考え方では、「消費者的な生き方」だと思います。方向性は政府が決める、声を上げるのはおかしいという消費者的な生き方は、みんながある特定の人をいじめたり、周りの同調圧力に屈していじめに加担したりするのと同じことなのです。

自らが、政策や制度に対して疑問や提案をもつことは重要なことです。問題や課題を明確にして建設的な対話や議論をしながら、社会の発展や改善に貢献することが、主体的に生きる「生活者」の姿です。個人がより良い社会を目指して、主体的な思考をもち、意見をもち、そして建設的な対話をしながら、実践することが重要なのです。

コミュニティでの対話が大切

自分の心が動いた体験をしたら、ぜひ体験を誰かとシェアしてみるべきだと思います。もちろん私たちもそのような場を随時提供しています。

一人ひとりがつながり自然ともつながる環境は、ヒト（ホモ・サピエンス）が出現したおよそ20万年前から続いてきました。しかし、産業革命以降、農業から工業への移行が進み、都市が発展することにより、現在まで連綿と続く分業体制に突入したのです。本来、生物の循環がありつながりのある自然界では、そうはいかないものなのです。このままでは人間がこの自然界のつながりを破壊してしまいます。

みんなで農作業

だからこそ、私はコミュニティでの対話が大切だと思っています。ファームシャングリラ構想で目指しているのはまさにここで、対話を重ねることによって一人ひとりがもっている土台、まことの部分が出てくることを期待しています。人間同士が対話を重ねることで新たな化学反応が起こっていけば、農業の可能性も膨らみますし、より強固でユニークなノウハウが蓄積されていくのではないかと思います。

とにかく、目先のことだけしか考えないような、自分の利益だけを優先する、金儲け主義の世の中は変えていかなければ面白くありません。小さく固まってブツブツ不満を言ったり、酒を飲んで愚痴ったりしているだけでは何も始まらないのです。一人ひとりの力は小さいですが、同じ気持ちをもった人たちが集まることで、一人ひとりが生きやすい世の中に変わっていくと私は信じています。

お金があっても命を維持させることはできない

今の時代、お金を出せばなんでもできると思っている人は多いと思います。確かにお金は大切ですが、お金自体はただの紙や金属でつくられています。災害などで突然食糧危機になったとしたら、そんな紙切れと金属だけで自分の命を維持していくことはできません。しかし、お金そのものさえあれば食べることに困らないと、勘違いしている人があまりにも多いのです。

２０１１年3月11日の東日本大震災で、多くの人の命が奪われ、福島第一原発事故という未曽有の事態により、日本中が衝撃に包まれました。時が経つにつれて当時の記憶は風化しているようにも思いますが、震災後のコンビニエンスストアには物資が届かず、すっからかんの状態でした。つまり震災のような非常事態になれば、紙切れや貴金属をどれだけ持っていても、はっきり言ってどうしようもないのです。

それなのにいまだに多くの人が、お金がすべてという価値観の世界で生きています。本来私たちは自由で豊かなはずなのに、ほとんどの人がそうしたことに気づかずに、自分の財産である時間を平気で切り売りしています。

そして競争に勝つことや、年間どれだけ多くのお金をもらえるかにこだわり、お金をより多く持っていることが勝ちだという価値観のもとで過ごしています。ボーナスが増えたことを喜びととらえ、それで命を維持できると勘違いしている姿を見ていると、私は本当に大丈夫なのだろうかと心配になります。大切な時間を奪われ人間性や尊厳まで奪われているという、大事なことにすら全然気づかない人間を大量生産する、現在の社会システムが狂っているとしか思えないのです。

気候変動を巡って
世界中で企業の法的責任が問われている

18世紀後半からの産業革命以降に発展を続けてきた資本主義社会で、企業は利潤の最大化を常に目指してきました。20世紀に入ってアメリカを中心に巨大化する企業が相次ぎ、国家を凌駕するまでに経済的規模を大きくして、グローバル市場を席巻しています。

企業の活動が社会に与える影響は、ますます大きくなっています。こうしたなかで地球規模で洪水や豪雨や干ばつなど、気候変動に伴う異常気象が表れるようになっています。海水面の上昇に伴う深刻な影響も懸念されています。歴史を振り返れば、1992年には、地球温暖化をもたらすさまざまな悪影響を抑えようと、気候変動枠組み条約が国連総会で採択されました。1995年から条約締結国による国際会議が毎年開かれ、1997年の京都市での第3回締結国会議では、先進各国に温室効果ガスの排出削減を義務づけた、京都議定書が採択されました。

地球が危機的な状態にあることは世界共通の認識となっており、さらに欧米では気候変動は新たな人権問題であり、将来世代への環境配慮義務があるととらえる考え方も出てきています。

気候変動を巡って企業を訴える民事訴訟も欧米では相次いでいます。アメリカではエクソン・モービルやシェブロンなどいわゆる石油メジャーを相手にした訴訟が起こされ、オランダでもシェルに対して温室効果ガスの排出削減義務を課すよう求める訴訟も起こされました。ハーグ地方裁判所はシェルに対して、2030年までに二酸化炭素排出量を2019年比で45%削減するよう命じる判決を言い渡しました。ドイツでも環境NGOが国内の複数の大手自動車メーカーに対して、2030年以降ガソリンなどで走る内燃機関（エンジン）車両を販売しないよう求める訴訟を起こしています。

日本でも神戸市や神奈川県横須賀市の石炭火力発電所の稼働差し止めなどを求める民事訴訟が起こされており、温室効果ガスを排出する企業は、今後も訴訟にさらされるリスクを避けられません。いまやあらゆる企業が、気候変動に関係するさまざまな要因を総合的に考慮する必要があり、気候変動と環境保全の問題についての意識を高めていく必要があります。

ブームのようなSDGs、持続可能な開発目標への違和感

地球規模で進行する温暖化をはじめとした環境問題だけでなく、さまざまな課題が世界には溢れています。物流や情報通信ネットワークの発達に伴い、個々の企業の活動が社会に及ぼす影響は大きく広がるようになってきました。1990年代以降、企業の経営を売上や利益、業績見通しの尺度だけで見るのではなく、経済性・社会性・環境性の3つの視点からとらえて、企業の社会的責任（CSR）を重視する考え方が定着してきました。

こうした世界的に大きな流れをつくるきっかけになったのが、2015年9月に国連総会が全会一致で採択した、持続可能な開発目標（SDGs）です。「誰一人取り残さない」をキーワードに、貧困や飢餓、水や保健、教育、医療、言論の自由やジェンダーなど、17のゴール（目標）と具体的な169項目のターゲット（達成基準）を掲げました。すべての人々が人間らしく暮らしていくための社会基盤を2030年までにつくることを目指して、先進国と途上国が取り組んでいます。

地球温暖化防止などの国際的な枠組みや、持続可能な開発目標が採択されて以来、地球規模の環境保全やSDGsを引き合いに出して経営を語る経営者が増えました。テレビやインターネットなどでも、「SDGsの実現に向けて自社がこんなことに取り組んでいます」などと、盛んにPR活動を展開している会社もよく見かけます。

「よりよい未来をつくるために」と掲げられた17の目標は、一見するとすばらしい言葉であるように感じます。「貧困をなくそう」「飢餓をゼロに」など、言われてみればそのとおり、という文言ばかりが並んでいるように思えます。こうしたシンプルで美しい言葉には誰も異議を唱えにくいし、達成できるのが理想ではありますが、私は果たして本当に達成できるのかと懐疑的にならざるを得ません。企業レベルでもさまざまな取り組みをPRしていますが、どこまで直接的に地球に役立っているでしょうか。詳しく見てみれば、全体としての効果は目立って向上しているとは言えないように思うのです。

例えば日本の自動車産業は、欧米の自動車メーカーに比べて、電気自動車の開発の面で後れをとっています。2023年現在、いまだにガソリン燃料車が主流です。ハイブリッド車もかなり増えていますが、これはガソリンの燃費を抑えるために電気モーターを部分的に動かすに過ぎません。通常運行時の排ガスをゼロにできない以上、ハイブリッド車では温室効果ガスの排出量を完全に削減できないのは自明です。それなのに、大手メーカーはこうした車もひっくるめてSDGsへの取り組みとして、宣伝しているのです。

SDGsの目標自体はすばらしいものですが、現在は言葉ばかりが独り歩きして、自分たちは地球再生や社会課題の解決に貢献しているという、単なるアピール文句になってしまっているように感じます。本気で持続可能な社会をつくるためには、グローバルな経済構造を見直し、より公平で持続可能な形に再構築する必要があります。

社会のシステムを変えるのに必要なのは、人間の心

私は、人間として本当に大切にすべきものは何かを見つめ直したことで、居ても立ってもいられなくなり、農業を事業として本格的に始める決心をしました。競争して勝ってほかの人たちを泣かせて、自分だけ利益を上げて儲ける——そんなことだけをしていては、人間としてあまりにも正しくないと心の底から思っています。

農業を始めた人のなかには、自身の体の不調がきっかけとなったり、食べ物の安全性に対する不安があったりするケースも多いです。私の場合は、とにかく生かしてくれてきた自然に恩返しをしたい、地球環境を守りたいという、切実な思いが大部分を占めていました。

入口は何であれ、個々の問題を解決しても、その問題が再発したり別の問題が生じ

たりする可能性があります。なぜなら、問題の根本原因が解決されていないからです。つまり、現在の社会システム全体を変えるくらいの覚悟と実行力がなければ、大きな変化は起こらないと考えています。

比較的大きな企業がなかなか変わらない原因の一つに、波風を立てずに自分の任期を守りたいという、サラリーマン社長の意識があると私は思います。つまり、ある意味で大企業病ともいえると思いますが、できることなら大きな問題に取り組みたくないという、内向きの自己保身的な気持ちが変化を妨げているのです。

現場で問題に直面している事業部長は、数字だけで評価されてしまうため、いくら世の中を良くしようという意識で頑張っていても、直近で結果が表れていなければ経営者から評価されません。そうしたことを目の当たりしたグループは、きっとモチベーションが落ちるのではないかと思います。すぐに結果が出ないことに取り組んでもどうせ無駄だろうと諦めてしまって、目の前の営業利益などの数字だけをただ追い求め続けていってしまうという、悪循環に陥ってしまいます。こうした企業は聞こえのよいＳＤＧｓなどに関する事業のＰＲには熱心なものですが、実際はお題目だけで地球環境に役立つようなことはないままに終わっているのです。

会社や社会のシステムをつくっているのは人間です。個人個人の集まりがシステムをつくってきたのならば、個人の意識を変えなければどうにもならないと思います。

私たちの生命は皆平等で、誰もがいつかは必ず死ぬのです。人が生きられる時間は限られています。そして、どこまでいっても、自然のなかにただ存在している生物の一つに過ぎません。言い方を変えれば、私たち自身、大いなる自然の一部であり、しかもほんのちっぽけな一部分でしかないのだということです。

最近の世の中のような分離・分断・分業が当たり前の状況では、自分がしている目の前のことしか見えないようになりがちなので、人間はさも立派に偉そうに、独立した存在であるかのように考えがちです。しかし、それは大きな間違いです。

自然のなかでは人間はちっぽけな存在でしかなく、さまざまな限界がありながら生きているに過ぎないのだという意識をもつべきです。こういった自覚をもたない限り、永遠に悪循環に巻き込まれたまま一生を終えることになりかねません。

同時に、同じように生物として生きる多種多様な動物や植物に対しても、同じ地球に生きるものとして、温かいまなざしとリスペクトをもつことが重要です。決して、人間が生態系の頂点に立つリーダーであるなどと、傲慢になってはいけません。地球生命体のなかで、ただ存在している生物であることを再認識し、地球資源の搾取に走ることなく、すべてのものと共存しているのだと謙虚に考えることも大切なのです。

今の自分だけが良ければそれでいいという、独り善がりの狭い視野で物事をとらえていてはいけません。ちっぽけな自分に見えていないことに対してはできる限り想像力も膨らませながら、大きな流れで物事をとらえるようにすることが大切です。まさにネイティブアメリカンのように7代先の将来世代のことまで見据えて、どのように動いていったらいいのかを考えていくのです。一人ひとりにそうした考え方が広がると、だんだん世の中が変わってくるのではないかと私は思います。

時間を豊かに使う

自分を変えたいけれど今の安定した生活を失うのは不安という考え方は、ほとんどの人が抱いているジレンマであると私は思います。しかし、会社で働いていれば、今の日本ではたいてい50代をピークに、給与は一気に下がっていきます。それでも定年まではまだ安泰かもしれませんが、退職後は個人の面倒を会社が見てくれるわけではありません。

今の生活があるからその会社という世界で生きているのだと思いますが、実はそれは大きな檻（おり）の中にいるのだということを知っておく必要があります。檻の中にいると、自分がその中に閉じ込められていることに気づきません。そして、その中の評価基準で社会を見る癖がついてしまいます。

決して会社に入ることが悪いというわけではありません。ただ、外の世界があることをきちんと分かっているべきだと思います。いわゆる社畜になるのではなく、逆に会社で自分が使えるものは使うくらいの自由な気持ちでいるほうがずっと前向きです。自分という個をしっかりともって主体的に動ける人は、実は会社にとっても重要です。実際、そういう人のほうが会社で成績を残して評価されるものです。逆に言いなりになっている人のほうが、気持ちも滅入って、仕事の結果も芳しくなく、失敗をとがめられると「言われたとおりにやったのに」とぼやくことになります。

会社にしがみついていては、自然の循環のなかに入っていけないどころか、檻のなかから出られません。その結果、生きづらさはますます増していきます。ぜひ、会社の外の世界を知ったうえで主体性をもって働くか、自由な檻の外へ飛び出すことを視野に入れてほしいと思います。

自然の循環のなかにいると、全部自分事にとらえられるようになる

会社の社長や上司から「主体性をもって動くように」「仕事を自分事として受け止めなければ」と言われたとき、少しひっかかったり、納得できなかったりした経験がある人は多いのではないかと思います。理由は明白で、その仕事が大きな意味で自然の循環や社会正義から外れているからです。そのような仕事のなかでは、自分が存在する意義を見いだすことはできません。だからこそ会社の仕事内容に興味がなくなってしまうことがあるのです。この状況が心理的な負担を生むこともあります。

会社が取り組んでいる事業が地球環境や社会正義、将来の世代へのメリットを説明できれば、従業員は自然とその仕事に主体性を発揮し、パフォーマンスも向上することになります。

しかし、現行の社会システムが資本主義であり、資本主義が利益追求や競争を中心

に据える限り、他者や環境を無視した行動が生まれやすいのが現状です。競争に勝つことが企業にとっての最優先事項となると、本質的（自然的）な問題への対処が難しくなります。このような価値観が企業文化に浸透すると、環境への優しさや共生を考えることが、企業が持続可能な未来に向けて取り組むべき課題となります。

淡路島の畑のそばにある社宅には、もともとネズミが天井裏を走り回っていました。寝泊まりするのにネズミだらけの環境はさすがに嫌なので、広島のシンバイオス研究所で生まれた猫を一匹もらって飼ってみました。するとネズミにとって猫は天敵ですから、猫の匂いがするようになって、ネズミが格段に減ったのです。このケースで猫ではなく殺鼠剤を買ってきて置いたとしても、猫の時ほどうまくいかなかったはずです。薬で強制的に駆除するだけであって、根本的な解決にならないからです。つまり、循環していないからです。

農業では、例えば露地栽培でイチゴを育てていると虫が多く付きますが、その虫に引き寄せられる別の虫が自然にやってきてくれるので、結果良い方向に回っていきます。これが自然界の循環です。

しかし、ビニールハウスで育てているイチゴは、そうはいきません。虫が入ってこないようにビニールで自然界と仕切っているので、ダニやアブラムシが付いても、本来それらに引き寄せられる虫はビニールハウスに入ることはできません。そこで、ダニを食べる別の種類のダニや、アブラムシを食べるテントウムシなど、天敵昆虫や天敵資材と呼ばれるものを買ってきて、わざわざビニールハウスの中に入れます。しかし、これは明らかに不自然です。

自分が自然の循環のなかで生きている存在だと認識すると、このままの状態で100年後を迎えてはいけないと思うようになるはずです。そして、各自が現状を自分に関係する問題として理解できれば、その意識が行動につながるようになり、持続可能で良い未来が築かれると信じています。

地球が資本

私は、一人ひとりが個をもちながら内発的自然感覚を大切に生きている状態が、最もいい社会だと思っています。しかし実際は、評価基準に右往左往して、効率重視から起こる分離・分断・分業のなかで判断するため、自社都合や業界都合など、エゴイズムがはびこっています。その結果、世の中全体の方向性が狂ってしまっているように感じます。例えば、日本企業のＳＤＧｓ対策一つをとってみてもそうです。ＳＤＧｓは社会全体の質を向上させ持続可能性を実現するための枠組みであるべきですが、一部の企業では競争原理や短期的な利益のために利用され、その本来の意味が失われています。真の理解が欠如したまま、ＳＤＧｓが単なる株主対策やマーケティングの手段と化していることがしばしば見受けられます。

しかし、理解してほしい重要な点があります。それは、〝どこまで行っても、〝地球が資本〟であるということです。にもかかわらず、このことを考えていない人が多過ぎるのが現実です。上場企業でもCSR担当者は地球環境問題について語れるかもしれませんが、社長自身がしっかり理解しているかは微妙であることが多いと私は思います。社長は、業績の成長を気にする前に、ステークホルダーが最優先にしていることは「地球」であることを理解する必要があると思います。

地球は、私たちの生活の場であり、資源を提供したり、生態系を形成してくれたりしています。企業や組織が持続可能なビジネス活動を追求するうえで、地球環境や自然の保護や回復に配慮することが重要であることは明確です。地球の持続可能性を守ることは、結局はステークホルダー全体の利益にもつながるのです。そんなことも理解できず、目先の利益だけを追う人のもとで働いていたら、遅かれ早かれ破滅に追い込まれることは簡単に想像できると思います。

アメリカの建築学者で思想家でもあったバックミンスター・フラーが1960年代に提唱したのが、「宇宙船地球号」という考え方です。地球は閉じた宇宙船と同じであるという考えに立って、限りある資源は有効に使い、閉鎖空間内での汚染を禁じ、人類が生き残るためには世界のあらゆる出来事を地球規模で見ることが大事であると説いたのです。我々は、国境よりも大きな地球規模の視点、宇宙船地球号に乗っているのだという自覚をもって物事を考えていかねばなりません。

今、地球が大変なことになっているということをきちんと理解できていたら、正しい行動ができるはずです。それはどんな有名大学を出ていようが、どんな有名企業にいようが、そうでなかろうが、全人類の必須事項なのです。

問題が大き過ぎるからと言って諦めてしまう人もいますが、今生きている人間は、決してこの問題を放棄すべきではありません。私たちが諦めたら、地球環境は悪化の一途をたどり、取り返しがつかないからです。逆に、きちんと行動することによって、人間としての本質を理解できるようになり、自然の循環のなかで生きられるようになります。つまり、人間らしさを取り戻していくことができるのです。

ファームシャングリラ構想は、まさにこういった地球大の視点に立つことで、すべてのことにつながっていきます。ただし、皆が皆、今すぐに会社を辞めて農業をしたり農場に行ったりするなど、急に生活を変えることはできないことは想定のうえです。日常生活のなかにすぐに取り入れられるような、小さなステップから一歩一歩着実に実現していくべきだと思います。

まずは気づく、そして愛情をもつ

将来の自分のためにすべきことや、具体的なアクションについて考えていく前に、まずファームシャングリラ構想を基に気づきを得てほしいです。

具体的には、自分たちが農作物を食べるために薬を使って虫を殺し、土中の微生物環境まで壊していること、できた農作物を工業製品のように形や大きさなどの規格で仕分けしていることです。さらに自分の子どもや孫に食べさせる野菜には農薬を使わない生産者がいるということ、慣行栽培のイチゴにはミツバチが死んでしまうくらい大量の農薬が残留していることなどです。これらの事実を知って、自分はどう感じたのか、どう心が反応したのかという情動を大切にしてほしいと思っています。

そもそも人は、知らないことを気にすることはありません。逆にいうと、知ることがすでに一歩目を踏み出すことになるのです。本書をぜひその一歩を踏み出すきっかけの一つにしてもらえたらと私は思っています。

それともう一つ、「愛情をもつ」ということを考えてみてほしいと思います。そうしたことに気づけるかどうかは、心の中に愛情をもてているかどうかにかかっています。虫や微生物たち、そして子や孫たちの命への影響を案じることができる心とそうした想像力をもつことは、愛情をもつことにもつながります。そして愛をもって行動したときに、人はうれしそうにその様子を話してくれます。それは心が動かされているから、つまり感動しているからです。

おわりに

　私は幼いころから日が暮れるまで外で遊んでいました。山へ冒険に行ったり、川へ遊びに行き魚や虫をとったりするのが大好きでした。社会人になってからは海に夢中になり、美しい波と出会う喜び、金色に染まる夕凪の海に心震える感動をもらいました。土や海に触れていると、自然の一部である自分を感じ、安心感を抱き、素直に畏怖の念を抱く自分がいました。

　東京で起業した後は競争社会のなかで、社員を守り、会社を成長させるために懸命に働きましたが、今振り返ると心に平安をもたらしてくれるのはいつも、お金ではなく自然だったなと思います。農業を始めることを決意し、農地を探していた頃、ちょうど知人が淡路島に手頃な場所があるからどうかと声を掛けてくれました。見に行くと、広大な荒れ地が広がっており、私は一目見てここに決めました。とても「農地」とは呼べないようなところでしたが、私に迷いはなく、むしろ喜びに満ちていました。

それは、この土地が「自然のまま」だったからです。

農業を始めるにあたって決めていたのは、「自然のまま」を活かすということだけでした。農薬を一切使わないというだけでなく、微生物が共生する健康な土を耕し、次の代に命をつなぐ種を残す、そんな自然の営みをきちんとつくることができればと思っていました。

農家の人たちからは「肥料を使わないと作れないよ」と言われましたが、自然が全部育ててくれるはずだと思い、ひたすら命が宿る土を耕し、育て続けました。収穫高にこだわるのではなく、芽吹く命の一つひとつを大切にしたいと思い、命を育てる土の活気を信じて土に向き合い続けました。

農業とは、物の大量生産ではなく、私たち自身の命の源となる、命を育てる仕事です。効率や安定といった人間都合の論理を持ち込むことは、自然のままへの冒瀆であり、自分自身への裏切りにもつながります。

だから私たちは、百姓をしています。百姓とは、百の仕事をする者のことです。朝に夕に、空気と気温と水と、そして作物や微生物、菌、虫たちと対話します。土は無限の命を宿す広大な宇宙です。一握りの中にある宇宙に向き合うことは、苦であるどころか、自分自身が蘇るような感覚にも通じています。

私たちの農地の土は年を追うごとに育ち、雑草の種類が変化し、野菜が大きくなっています。どの野菜もうまみが増し、エネルギーに満ちています。このすばらしい命の力を多くの方に味わっていただき、自然に感謝し、自然とともに食物を作り、いただける社会を、後の世代につないでいきたいと思っています。

私は農地でできた野菜を顧客に届けるときに、こんなメッセージを紙一枚にまとめて添えています。

（略）淡路島で農業を始めて8年目に入りました。経営母体の株式会社タナットは東京を中心に関東一円、関西でエアコン工事、上下水道の緊急メンテなどを行っている会社です。30年前に東京で創業し営業を行い競争社会に身をうずめ徹底的に「競争相手には負けない」というゴリゴリの経営を行ってきました。

そんななかで「勝ちがあれば負けがある」「経営を維持、成長させるためには経費を値切る」といった当たり前の競争の世界の違和感を払拭できず「次の新事業は勝ち負けのない地球にも将来世代にもやさしいサステナブルな事業をやりたい」という思いから農業に行きつきました。

しかしいざ農業を始めると土の成分を分析してそこに「窒素○kg、リン酸○kg、カリウム○kgを投入しなければいい野菜はできない」と言われ、化学の授業じゃあるまいし、そんなことはやりたくないと本能的に感じました。

自分たちの都合の悪い虫を薬で殺し、雑草が生えないように除草剤を散布し、雑草の命だけではなく目に見えない土壌微生物の命を奪うことに嫌悪感を覚え、もっと作物を大きくするために肥料を投入することが工業社会で行われていることのように感じたのです。そして自分たちだけでも自然に敬意を払い、コツコツと自然の力をお借りして野菜を作るようにしました。

土づくりから始まってようやく丸6年が過ぎ、土壌の微生物をはじめ生物の循環がうまく回っているように感じます。微生物、腐植測定値もどんどん良くなっています。薬は傲慢な人間の欲そのものであるので一切使いません。その分、成長に時間はかかりますが、自然の恵みを十分吸収し、栽培している私たちの愛情が込められた野菜たちが豊かな実りをもたらしてくれています。市販のものにはない香り、味、食感を楽しめる野菜たちの命をぜひとも感じてほしいと思います。

スプーン一杯の土壌には、世界人口より多くの微生物がイキイキと活動しながら、完璧な調和の世界をつくっています。（中略）土は触れることによって免疫調節、抗炎症、ストレス耐性に効果があり、抗ストレスの薬の研究も始まっています（２０１５年ノーベル生理学・医学受賞の大村智氏は土壌微生物研究から世界で数億人の命を救ってきたのです）。作って（土に触れて）健康になり、食べて健康になり、地球も健康になっていく。

自然というのは、どこか、誰かの犠牲のうえに利益が生まれるのではなく、すべてが良くなっていくモデルですね。これからも自然の力とともに将来世代につないでいく美しい地球のためにおいしい野菜、多くの農業従事者をつくっていきます（略）。

私の伝えたい思いはここに集約されています。ありがたいことに、徐々にこの思いに賛同してくれる人が増えてきました。

人の幸せや地球の幸せが自分の幸せにつながるような人が世の中に溢れれば、心も身体も地球環境も健康になっていくはずです。諦めないで行動してくれる人がますます増えていくことを心から願っています。

みんなのしあわせが、わたしのしあわせ。

LOVE＆PEACE

タナットネイチャーLab　山岸　暢

【著者プロフィール】

山岸 暢（やまぎし みつる）

1964年京都生まれ。1993年29歳のとき、金儲け目的で上京し家電空調工事の元請会社として株式会社タナット創業。2005年にmizu事業をスタートさせた。環境問題に問題意識をもち、命のもとになる農作物の工業製品的製造に違和感を覚え、2017年に淡路島で株式会社タナットネイチャーLabを立ち上げ、完全無農薬、無肥料、無消毒の野菜の生産を始める。好きな言葉は「革命」。

本書についての
ご意見・ご感想はコチラ

ファームシャングリラ
農業で叶える人と自然が共生する未来

2024年3月14日　第1刷発行

著　者　　山岸 暢
発行人　　久保田貴幸

発行元　　株式会社 幻冬舎メディアコンサルティング
〒151-0051　東京都渋谷区千駄ヶ谷4-9-7
電話　03-5411-6440（編集）

発売元　　株式会社 幻冬舎
〒151-0051　東京都渋谷区千駄ヶ谷4-9-7
電話　03-5411-6222（営業）

印刷・製本　中央精版印刷株式会社
装　丁　　弓田和則
装　画　　赤倉綾香（ソラクモ制作室）

検印廃止

Printed in Japan
ISBN 978-4-344-94698-9 C0095
幻冬舎メディアコンサルティングＨＰ
https://www.gentosha-mc.com/